빛깔있는 책들 ●●●

254

전통주

글·사진 | 박록담

(ㅂ) 대원사

박록담

전남 해남 출생. 시인이자 전통주 연구가. 박록담(朴碌潭)은 아호이자 필명이며, 본명은 박덕훈(朴德薰)이다. 조선대학교를 졸업하고, 고려대학교 자연자원대학원 식품공학과에서 식품가공학을 공부했다. 현재 숙명여자대학교 전통문화예술대학원 객원교수 및 한국전통주연구소 소장으로, 부설 '박록담의 전통주 교실(록담일반문화센터)'을 운영하고 있다.

지난 18년간 국내 전통주 및 가양주에 대한 현장 조사와 발굴 활동에 전념하였으며, 요즘은 '술방사람들' 및 전국적 모임인 '탐주회' 회원들과 함께 사라진 전통주 재현과 대중화 운동에 심혈을 기울이고 있다.

그 밖에 『광주일보』 신춘작품상(시 부분) 및 『월간문학』 신인작품상(시조 부문)에 당선되어 문단에 나왔으며, 한국문인협회원, 한국시조시인협회원, 현대불교문인협회원, 광주일보신춘문학회 회원, 새솔문학회 회장으로 활발한 창작 활동을 하고 있다.

전통주 관련 저서로는 『韓國의 傳統民俗酒』, 『우리의 부엌살림』, 『名家銘酒』, 『박록담 詩人의 우리 술 빚는 법』, 『우리 술 103가지』, 『양주집』 등이 있으며, 시집으로 『겸손한 사랑 그대 항시 나를 앞지르고』, 『그대 속의 확실한 나』, 『사는 동안이 사랑이고만 싶다』가 있다.

빛깔있는 책들 203-33

전통주

전통주와 음주 문화

　우리나라 양주 수입량은 '세계 으뜸'이라고 한다. 실제로 '윈저 17년' 등 고급 위스키의 판매량은 2003년을 기준으로 볼 때 지난해 같은 기간(1∼3월)보다 102.7% 증가했으며, 브랜디와 위스키, 와인을 생산하는 나라의 기업들이 우리나라의 고객을 타깃으로 하는 특별 기획 상품을 개발하여 호황을 누리고 있다고 한다. 경기침체가 심해지고 있는 요즘에도 고급 위스키의 소비량은 늘고 있어 양주 수입업계는 불황을 모른다는 것이다.

　그런데 우리 전통주 생산업계와 그 소비시장의 현황은 어떠한가. 1년에 두 번 있는 명절에나 전통주를 찾고 있는 실정이다. 그것도 자신이 마시거나 접대할 목적이 아닌, 고향의 부모와 일가친척의 선물이나 제주(祭酒)를 위한 불가피한 선택이라서, 전통의 수호와 고유한 음주 문화의 계승을 위한 전통주 생산업계의 피나는 노력은 아직도 이렇다 할 성과를 얻지 못하고 있다.

　우리의 양주 소비행태와 왜곡된 음주 문화에 대해서는 할 말이 많으나, 여기서는 논외로 하기로 한다. 왜냐하면 앞으로 우리의 음주 문화가 어떠한 방향으로 나아가야 할 것인가가 더 시급한 명제라는 판단과 함께, 보다 근본적인 해결방법을 궁리하는 것이 바람직하다는 생각에서다.

　우리의 음주 문화를 건전하게 이끌기 위해서는 무엇보다 전통주에 대한 깊은 이해와 올바른 인식이 중요하다. 또한 전통주의 맛과 향취에 대해 보다 충분한 인식과 체험을 필요로 한다. 그러기 위해서는 먼저, 우리네 술은 즐기는 방향주

오늘날의 전통주 우리 술의 특징은 향이 깊고 순한 듯하면서도 은근하게 올라오는 취기로 인해 술을 마시는 흥취가 있으며, 숙취가 없이 빨리 깨고 뒤끝이 깨끗하다는 데 있다.

(芳香酒)요, 반주(飯酒)로서 취하도록 마시는 술이 아니라는 사실을 알아야 한다.

과거 우리 조상들이 손수 빚어 즐겼던 가양주(家釀酒)는 지금의 술맛과는 전혀 다르다. 그 맛이 매우 달고 부드러우며, 과일 향기와 같은 깊은 향취가 있는 방향주였으며, 평상시 준비해 두었다가 식사 때 한두 잔 곁들여 마시는 반주였다. 또한 지금의 술처럼 맛이나 향은 없고 알코올 도수만 높아 조금만 마셔도 금세 취하는 그런 술이 아니었다. 이러한 주장은 그간 맥이 끊긴 채 구전과 문헌으로만 전해 오던 석탄주(惜呑酒), 감향주(甘香酒), 방문주(方文酒), 동양주(東陽酒), 동정춘(洞庭春), 호산춘(壺山春) 등 수백 종의 전통주를 재현한 결과에서도 볼 수 있었다.

우리 술의 특징은 이처럼 향이 깊고 순한 듯하면서도 은근하게 올라오는 취기로 인해 술을 마시는 흥취가 있으며, 숙취가 없이 빨리 깨고 뒤끝이 깨끗하다는

데 있다. 또한 과거 냉장고나 저온 저장고와 같은 시설이 없던 시절에도 두고두고 마실 수 있었다. 술을 반주로 즐기기 위해 저장성과 보존성이 높은 술을 빚게 되었고, 그 과정에서 단맛이 강하고 향이 뛰어난 술이 만들어졌던 것이다.

요즘 '전통주'가 호응을 얻고 있는 데 편승하여, 소위 '민속'이니 '전통'의 이름을 붙인 가짜 술들이 등장하여 시장을 어지럽히고 있는데, 이 술들은 사실 술 자체의 독특한 맛과 향보다는 부재료와 향신료, 기타 여러 가지 첨가물로 만들어진 것으로 과거 가난했던 시절에 조금 마시고도 빨리 취할 수 있는 술을 찾던 소비자들의 취향에 맞춰 등장하게 된 것이다.

1990년대부터는 경제적, 문화적 여유가 생기면서 건강을 염려하기 시작했다. 여성 음주 인구가 증가하였으며 양주 소비가 늘었지만, 전체적으로는 술을 덜 마시게 된 것이다. 그러나 가볍게 한두 잔 걸치자는 음주 경향으로 와인과 위스키 등의 소비량이 크게 증가하게 되었다.

이처럼 우리 입맛이 어느새 외국의 술들에 익숙해졌을 즈음에, 주정에 물을 탄 희석식(稀釋式) 소주를 비롯하여 시금털털한 밀막걸리와 강냉이술 등 박주(薄酒)가 만연하고, 더욱이 전통주의 상징이랄 수 있는 동동주, 막걸리까지도 '전통주' 또는 '민속주'라는 이름 아래 값싼 재료인 밀가루와 여러 첨가물을 넣어 맛을 낸 상품들이 판매되어 우리 입맛을 잃게 만들었다.

심각한 문제는 제대로 된 술이 있다 해도 이제 그 맛을 제대로 느끼지 못한다는 사실이다. 이런 상황에서 과연 우리 전통주가 제자리를 찾을 수 있을지 걱정이 앞선다. 이제부터라도 좋은 술, 우리 체질에 맞는 전통주로 건강을 도모하고 인정과 예가 깃든 가양주로 우리의 음주 문화를 하루빨리 바꾸어 나가야 하겠다.

전통주 이야기

전통주란

'전통주(傳統酒)'를 어떻게 정의해야 옳은가. 우리가 자전에도 없는 '전통주' 라는 단어를 사용해 온 지 오래지 않거니와, 「주세법(酒稅法)」에 전통주를 "① 전통문화의 전수, 보존에 필요하다고 인정하여 문화재청장 또는 특별시장, 광역시장, 도지사가 추천한 주류. ② 농림부 장관이 주류 부분 전통식품 명인으로 지정하고 국세청장에게 추천한 주류. ③ 1999년 2월 5일 이전에 제주도지사가 국세청장과 협의하여 제조허가한 주류. ④ 관광진흥을 위하여 1991년 6월 30일 이전에 건설교통부장관이 추천하여 주류심의회 심의를 거친 주류"로 규정하고 있다. 따라서 전통주는 "우리가 주식으로 삼고 우리 땅에서 생산되는 곡물을 주재료로 하고, 물 이외의 인위적인 가공이나 첨가물 없이 누룩을 발효제로 하여 익힌 술"을 말한다고 볼 수 있다. 그리고 "우리 민족이 오랜 세월 동안 갈고 닦아 온 고유한 방법과 전통성을 간직하면서도, 우리 땅에서 나는 자연산물을 주재료로 하여야 한다"는 것을 짐작할 수 있다.

그러나 대량생산을 통한 경제성 추구가 주가 되는 시대를 맞이하여 술을 빚는 공정의 단축과 기계화는 필연적이라고 할 수 있겠으나, 주재료의 변화 외에 특히 첨가물의 사용이 허용되고 있는 현대식 양조 방법에 의해 제조된 주류에 대해서도 전통주라는 개념이 성립되는지에 대해서는 이견이 많다.

다만, 우리가 간과해서는 안 될 것은 전통적인 것이라고 해서 맹목적으로 추구하거나 고집해서는 안 된다는 것이다. 또 전통은 시대에 뒤떨어진 것이라는 단견으로, 무조건적으로 바꾸려 들거나 '개선'이라는 이름 아래 그 기본과 뿌리를 무시해서도 안 된다는 것이다.

현대적인 것의 뿌리를 전통에 두지 않으면 쉽게 흔들리거나 무너지기 쉽고, 그 생명이 오래가지 못한다는 사실을 외면해서는 안 된다. 또 전통적인 것만을 고집하다 보면, 고루하고 시대 변화에 어긋나 쓸모가 없게 되고 결국에는 외면당하는 결과를 낳기도 한다.

여하튼 전통주를 빚는 방법이나 재료, 맛과 향에 대한 개선과 변화는 시대적 상황이나 환경 변화에 따른 요구일 수도 있겠으나, 그것이 꼭 최선책이라고 단정할 수는 없으며, 오히려 시대 조류와 기호의 변화에 순응한다는 것이 순수성과 건강의 상실을 초래할 수도 있다는 점을 적극 고려해야 할 것이다.

전통주의 맛과 향기

우리 전통주의 맛과 향기는 서양의 술과는 다르다. 서양의 술은 무엇보다 향기를 으뜸으로 치는데, 그 향기란 것은 술의 원료에 따라 결정되고, 숙성 과정에서 오크통과 같은 용기(用器)에서 얻어지는 것들이다. 다시 말해서 서양인들은 술에서 맛을 우리처럼 중요하게 여기지는 않는다는 것이다.

이에 반해, 우리나라 사람들은 술의 주재료인 곡물과 누룩에서 저절로 생겨난 자연(自然)의 맛과 향기를 중요하게 여기는 편이어서, 서양의 와인과는 다르게 맛을 주로 하고 향기를 다음으로 여긴다. 그리고 그 맛과 향기는 본디 곡물이나 누룩에서는 맡을 수 없는 전혀 다른 맛이요, 향기라는 것이다.

서양 와인의 경우, 주원료인 포도나 사과와 같이 과실에서 오는 당질(糖質)의

부의주 제조 과정 우리 술에서는 곡물과 누룩에서 저절로 생겨난 자연의 맛과 향기를 중요하게 여긴다. 부의주는 동동주의 본래 이름으로 발효가 되면 술 표면에 개미 같은 쌀알이 동동 떠오르게 된다.

종류에 따라 술의 향기가 결정되는가 하면, 와인을 증류한 브랜디의 경우에 있어서도 와인에서 유리되는 과실 향기와 숙성 과정에서 용기로 사용되는 오크통으로부터 불에 의한 그을음으로 인한 착색(着色)과 나무가 갖고 있는 향이 술에 묻어나는 것이라고 할 것이다. 그러나 우리 전통주는 쌀이나 보리, 밀 등 술의 주재료나 발효제로 사용되는 누룩에는 없었던 천연(天然)의 과실 향기와 꽃 향기가 발효 과정에서 생성된 것으로서, 그 품격이 다르다고 할 수 있다.

물론, 우리 전통주도 착향(着香)이나 착색에 의한 맛과 향기를 즐기는 경우가 있으나, 이는 전통주의 주류(主流)를 이룬다고 볼 수 없다. 우리 전통주의 주류는 뭐니 뭐니 해도 맑은술 곧 청주(淸酒)를 근본으로 삼기 때문이다.

우리 전통주에서 느낄 수 있는 맛은 양주에서는 찾아 볼 수 없는 것으로서, 주로 단맛과 신맛, 쓴맛, 떫은맛, 매운맛이 잘 조화된 복잡미묘한 감칠맛을 으뜸으로 여긴다. 또한 단맛이나 신맛, 쓴맛, 떫은맛, 매운맛 가운데 어느 한 가지 맛이 두드러진 경우가 있으나, 이와 같은 경우 입맛을 자극하여 술맛을 당긴다.

전통주에서 즐길 수 있는 향기는 주로 복숭아, 사과, 포도, 딸기, 자두, 홍시, 배, 매실, 살구와 같은 천연의 과실과 꽃향기이며, 이들 향기는 한 가지가 아닌, 두세 가지가 어우러져 나타나므로 꼬집어서 무슨 향기라고 단정 짓기가 힘들 만큼 복잡한 것이 특징이다.

문헌으로 본 전통주의 역사

우리 민족은 농경을 시작하면서부터 술을 빚어 마셨다. 그러나 여러 기록에서 '음주(飲酒)'라고만 하였지, 술 이름이나 제조 방법에 대한 언급이 없어 무슨 술이었는지는 알 수 없다. 다만, 서양에서 포도주와 맥주를 빚어 마셨다고 한 사실로 미루어, 우리나라를 비롯한 동양문화권에서는 곡물을 재료로 한 곡주(穀酒)를 마셨을 것으로 추측하고 있다.

우리나라 문헌 가운데 술이 처음 등장하는 기록은 『제왕운기(帝王韻紀)』이다. 여기에는 고구려 시조(始祖) 주몽의 탄생설화에서 술이 언급되고 있는데, 『고삼국사(古三國史)』를 인용하여 "하백의 세 딸 유화·선화·위화가 더위를 피해 청하(압록강)의 웅심연에서 놀고 있을 때, 천제(天帝)의 아들 해모수가 세 처녀를 보고 아름다움에 반하여 신하를 시켜 가까이 하려고 하였으나 그들은 응하지 않았다. 이에 해모수가 신하의 말에 따라 궁궐을 짓고 세 처녀를 초청하였는데, 세 처녀가 술대접을 받고 취하여 돌아가려 하매 해모수가 그들의 앞을 가로막자 두 사람은 달아났으나, 그 중 유화가 붙잡혀 해모수와 함께 궁궐에서 잠을 자게 되었는데 정이 들고 말았다. 그 후 유화가 주몽을 낳으니 후일 고구려를 세운 동명성왕(東明聖王)이다"라고 수록되어 있다.

삼국 및 통일신라시대

삼국 형성기에는 고조선, 원삼국시대의 전래 곡주가 바탕을 이룬 가운데 부여, 마한, 진한 사회를 비롯하여 고구려에서는 제천, 영고, 동맹 등의 행사에서 밤낮으로 음식가무(飮食歌舞)를 하였다는 기록이 『삼국지』「위지」'동이전'에 있다. 특히 『삼국사기』를 보면, 초기 고구려(28년)에서는 지주(旨酒, 맛 좋은 술)를 빚어 요동태수를 물리치는 등 주조(酒造) 기술이 뛰어나 중국인들 사이에 "고구려인들은 스스로 장과 술 등 발효음식을 만들어 즐긴다〔自喜善醬釀〕"고 할 만큼 주목을 받은 바 있다.

이미 이때에 누룩과 맥아로 술을 빚는 방법을 터득하고 있었고, 이러한 주조 기술은 일본으로 건너갔는데, 백제인 인번(仁番, 須須保利)이 술 빚는 기술로 일본의 주신(酒神)으로 추앙받았다는 사실이 일본 최고의 역사서인 『고사기(古事記)』에 수록되어 있다. 이를 통해 삼국 형성기에 우리의 양조 기술과 문화가 어느 정도였는지를 짐작할 수 있다.

삼국시대와 통일신라시대의 술에 관해서는 당시의 우리나라 문헌에서는 찾을 수 없고, 중국의 고문헌 『예기(禮記)』'진한시대(기원전 91~49년)'를 비롯하여 중국의 북위, 남북조시대의 농업 종합서이자 식생활서라고 할 수 있는 『제민요술(齊民要術)』에 기장술과 우리나라 술이 일본에 전래된 기록을 볼 수 있다.

특히, 중국의 고문헌 『태평어람(太平御覽)』'양무여하동행기(梁武與賀東行記)'에 "단도(丹徒)에 고려산(高麗山)이 있는데, 전하는 바에 의하면 옛날 고구려 여인이 이곳에 왔을 때 동해신(東海神)이 술을 가지고 와서 그 여인을 맞이하고자 하였으나 이에 응하지 않자, 노한 동해신이 술동이를 엎어버리니 술은 곡아호(曲阿湖)에 흘러갔다. 그래서 곡아주(曲阿酒)는 맛이 좋다"고 하여 고구려 여인에 얽힌 곡아주의 기록을 찾아볼 수 있다.

조선시대 중·후기의 기록인 『해동역사(海東繹史)』와 『지봉유설(芝峰類說)』에서는 당대(唐代) 이상은(李商隱)의 시(詩)를 볼 수 있는데, "한 잔 신라주(新羅

酒)의 기운이 새벽바람에 사라질까 두렵구나"라고 한 것으로 보아, 신라의 술이 중국인에게까지 찬양의 대상이었음을 짐작할 수 있다.

또한 『삼국유사(三國遺事)』 '태종춘추공(泰宗春秋公)' 조에 "신라 무열왕은 식량으로 하루에 쌀 3말과 꿩 아홉 마리가 필요했는데, 통일 후에는 점심은 안 먹고 두 끼 하루 식사 때 쌀 6말, 술 6말, 꿩 열 마리가 소비되었다"고 한 기록으로 미루어, 술이 상식(常食)으로 자리잡았음을 알 수 있다.

삼국시대 후기에는 백제의 주조 기술이 중국과 대등할 정도로 발달을 보였으며, 고구려의 양조 기술을 이어받은 낙랑주법이 신라 사회에 널리 퍼지게 되었다. 이 시대의 특징으로는 주국(酒麴)과 맥아(麥芽)를 이용한 술 빚기가 정착되었으며, 신라주 등이 대표적인 주품(酒品)으로 자리잡았다.

통일신라시대에는 삼국시대 후기에 발아된 주류 문화가 뿌리를 내리면서 비교적 다양한 곡주들이 등장하였으며 청주가 음용되었다. 특히 예주(醴酒) 문화가 정착되어 폐백음식으로 자리잡았는데, 『삼국사기』 신문왕 3년(683)의 기록에 김흠운의 딸을 왕비로 맞아들이면서 폐백음식 속에 장(醬), 된장(豉), 해(醢, 젓갈)와 함께 주(酒), 예(醴)가 포함되어 있음을 볼 수 있다.

고려시대

고려시대의 술을 기록에서 찾아보면, 삼국시대에 비해 훨씬 그 종류가 다양해지고 제조 방법에서도 한층 발달했음을 알 수 있다. 『사기(史記)』를 비롯하여 『제민요술』, 『북산주경(北山酒經)』, 『거가필용(居家必用)』, 『동파주경(東坡酒經)』, 『고려도경(高麗圖經)』 등 중국 문헌이 있고, 우리나라 문헌으로는 고려·조선조 때의 「국선생전(麴先生傳)」, 『고려사(高麗史)』, 『농상집요(農桑輯要)』, 『재물보(才物譜)』, 『동의보감(東醫寶鑑)』, 『근재집(槿齋集)』 등이 있는데, 『제민요술』이나 『고려도경』, 『북산주경』에는 술 빚는 법을 비롯하여 다양한 종류의 주품들이 등장한다.

고려시대 궁중에서는 양조 전담부서인 양온서(釀醞署)를 두고 어주(御酒)와 국가 의식용 술을 빚었고, 일반에서는 사원에서 제조한 누룩과 술을 파는 등 상품화가 이루어지고 있었다. 당시 사회는 송나라와의 교류가 빈번하여 사원은 오늘날의 여관을 겸하고 있었는데, 이로 인해 술의 상품화가 가능했던 것이다.

『고려도경』의 기록에는 "고려에는 찹쌀이 없어서 멥쌀과 누룩으로 술을 빚는데 술맛이 독하여 쉽게 취하고 빨리 깬다. 왕이 마시는 술은 양온서에서 빚는데 맑은 법주가 있다. 술에는 두 가지가 있어서 질항아리에 넣어 명주로 봉해서 저장해 둔다" "일반적으로 고려 사람들은 술을 즐긴다. 그러나 서민들은 양온서에서 빚는 그런 좋은 술은 얻기 어려워서 맛이 박하고 빛깔이 진하여 사람이 마셔도 별로 취하지 않는다"고 하여, 궁중과 귀족층에서는 청주 등의 맛 좋은 술을 마

향음주례 매년 음력 10월에 길일을 택하여 고을의 유생이 모여 예절을 지키며 술을 마시는 것으로, 고려 인종 때 이를 행하도록 한 기록이 있다.

시고 서민층에서는 하급 청주와 탁주같이 맛이 박한 술을 마셨음을 알 수 있다.

『고려사』에는 "왕이 마시는 술은 양온서에서 빚는데 맑은 법주가 있고, 질항아리에 넣어 명주로 봉해서 저장해 둔다"고 하여 『고려도경』에 수록된 내용 그대로를 보여 주고 있으며, 이는 『제민요술』, 『북산주경』에 수록된 법주(法酒)가 고려에 유입되었음을 짐작케 하는 것이다.

고려의 대표적 문장가였던 이규보의 「국선생전」은 작가 자신이 직간접으로 음용하였던 주품을 해설해 놓은 것인데, '주중청자위성인(酒中淸者爲聖人)' 이라고 하여 당시에 청주가 상품(上品)의 술로 애용되었음을 알 수 있다.

고려시대에는 그 밖에 「포도주부(葡萄酒賦)」, 『북산주경』, 『동파주경』에 과실주의 하나인 포도주가 등장하고 있고, 『근재집』과 『동의보감』에는 도소주가, 『고려사』에는 특수주인 유주(乳酒, 양젖술, 말젖술)가, 또 『동국이상국집(東國李相國集)』에 청주가, 「청산별곡(靑山別曲)」에 강술과 누룩이, 「한림별곡(翰林別曲)」에는 황금주, 백자주, 송주, 예주, 죽엽주, 이화주, 오가피주 등의 가향주(佳香酒)와 약주, 탁주가 등장한다.

또 우리나라 최초의 시화집인 이인로의 『파한집』에는 녹주, 청주, 국화주가 수록되어 있고, 이규보의 「국선생전」에는 이화주, 자주, 화주, 초화주, 백주, 방문주, 춘주, 천일주, 천금주, 녹파주 등 다양한 종류의 술이 등장하는 것으로 보아, 고려시대의 주종은 상당히 다양하였음을 알 수 있다.

그러나 고려시대의 특징 가운데 두드러진 것은 소주의 등장이라고 할 수 있으며, 소주의 보급은 각종 가향주, 약주의 대중화로 이어지고, 한 걸음 더 나아가 혼양주(混釀酒)의 제조법을 낳게 되었다.

특히 『동의보감』과 『본초강목(本草綱目)』에 소주가 등장하는데, 이들 문헌에서는 소주 창시의 배경을 원나라 때로 기록하고 있다. 『본초강목』에 "소주는 예로부터 있었던 것이 아니고, 원 시대에 비로소 만들어지게 된 것이다"고 하고, "소주를 화주(火酒), 아라길주(阿剌吉酒)라 한다"고 하였다. 이로 미루어 소주의 발생지가 원나라가 아닌 아라비아로서, 원나라의 페르시아 정벌 때에 몽고에 전해졌을 것으로 추정하고 있다.

아라길의 원어는 아라비아어 아라크(Arag)가 몽고어 아라키, 아락길이 되었고 고려에 전해져서는 아랑주가 되었다. 지금의 개성과 안동 지역에서 소주를 '아랑주', '아락주'라고 부르는 것은, 원나라가 일본 침략을 위한 발판을 마련하기 위해 전초기지를 제주도에 두고 병참기지를 개성과 안동에 설치하였던 사실과 결코 무관하지 않다.

이렇게 『농상집요』를 비롯한 여러 문헌에 고려시대의 술이 대략 48종이 등장하고 있는데, 이것으로 전체 양조법이 정착 단계에 이른 것을 알 수 있다. 특히 송, 원과 교류가 빈번해지면서 중국의 양조법과 함께 마유주, 양주, 포도주 외에 상존주, 백주 등의 특급 주품과 증류주 문화가 수입되면서 다양한 주종과 음주 문화를 낳게 되었다. 이러한 양조 문화의 발달은 비교적 안정된 국내 정세에 힘입어 국력이 신장되고 대외교섭이 활발해진 데서 그 원인을 찾을 수 있다.

조선시대

조선시대의 전통주는 우리 술이 가양주(家釀酒)라는 상징성을 그대로 보여주고 있다. 고려시대의 주품들은 가양주로 계승 발전하여 꽃을 피웠고, 양조 방법의 기술과 재료 면에서 점차 고급화하는 추세를 보였다.

고려 후기에 정착된 증류주는 급속한 신장을 보였고, 양조 원료는 상류사회를 중심으로 멥쌀 위주에서 찹쌀로 바뀌고, 단양주법(單釀酒法)에서 중양주법(重釀酒法)으로 변화하였으며, 양조 기법에서는 발효에 따른 미생물, 곧 효모(酵母)를 증식시켜 둔 술밑인 석임·부본(腐本)·주모(酒母)를 이용하는 중양법으로 변화가 이루어졌다. 또 조선 후기에는 각 지방의 토속주(土俗酒)와 반가에 전해 내려오는 다양한 곡주류(穀酒類)가 가양주로서 주품을 다투어, 이른바 전통주의 전성기를 이루게 되었다.

증류주는 이미 조선 전기에 삼양주(三釀酒)인 삼해주 등 고급 양조주까지 소주로 전용(轉用)되는 등 그 수요가 급속하게 늘면서, 서민들 사이에서는 약식으로 빚은 소주가 널리 유행하여 많은 병폐를 초래하기도 하였다.

고려시대에 개발된 홍주에 이은 장미로, 생강로, 계피로 등의 혼성주류(混成酒類)와 소주에 여러 가지 물료(物料)를 곁들여 만든 이강고, 죽력고 등의 자주류(煮酒類), 양조곡주에 증류주를 혼합하여 발

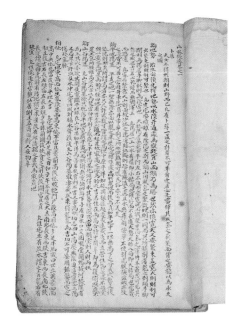

『산림경제』 필사본 조선 숙종 때 홍만선이 쓴 소백과사전으로 농업과 일상생활에 관한 사항이 실려 있다.

효시킨 과하주, 송순주 등 혼양주류(混釀酒類)까지 유행하면서 증류주는 더욱 다양해졌다.

따라서 조선시대에는 양조곡주와 증류주, 또 증류주를 바탕으로 한 혼성주류와 혼양주류가 사회 전체에서 음용되었으며, 이러한 현상은 구한말까지 계속되었다.

조선시대의 주품들을 기록한 고문헌은 자그마치 110종에 이른다. 이들 문헌은 대부분 농서(農書), 식품자료서, 구황서(救荒書), 세시기(歲時記), 식품가공법(食品加工法), 일반 요리서(料理書), 가정백과서(家庭百科書) 등이 주류를 이루는데, 이들 문헌에 120여 종이 수록되어 있고, 시문집과 연행록 등에 70여 종이 등장하는 것으로 미루어, 조선시대 주종이 얼마나 다양하게 발달하였는지를 알 수

있다.

조선시대 기록으로 술을 처음 언급하고 있는 문헌은 허균의 『도문대작(屠門大嚼)』으로, 작자 자신이 유형지에서 먹어 본 팔도의 명물 식품에 대한 품평을 기록한 내용 가운데 "나라의 제수를 맡은 곳에서 담근 태상주(太常酒)가 가장 좋고 자주(煮酒)는 더욱 좋다. 그 다음은 삭주(朔酒, 평안도)가 좋다"고 하였다. 여기에는 따로 술 빚는 법에 대한 언급이 없다.

조선시대 주종에 대한 술 이름이나 빚는 법을 수록한 최초의 문헌은 양생·식료·위행·영양 등에 관한 내용을 담은 1400년대 초엽의 『활인심방(活人心方)』으로 술 3종이 수록되어 있고, 세종 15년(1443)의 「계주교서(誡酒敎書)」에 술을 경계하는 등의 내용이 수록된 것을 비롯하여 성종 때(1469~1494년) 강희맹이 쓴 『사시찬요초(四時纂要抄)』에 도소주 외 조국법이 기록되어 있다. 그 밖에 1541년 김유가 쓴 『수운잡방(需雲雜方)』에 59종, 명종 9년(1554)에 어숙권이 쓴 『고사촬요(攷事撮要)』에 10종, 광해군 3년(1611) 허준이 쓴 의서 『동의보감』에 33종, 숙종대 초엽(1670)에 안동 장씨 부인이 한글로 쓴 『규곤시의방(閨壼是議方)』에 51종 등 여러 책에 갖가지 술이 기록되어 있다.

중복된 주종을 고려하여 이를 종합하면 조선시대 주종은 380~400여 종에 이르지만, 누락된 고려시대의 주종과 문헌에 오르지 못한 일반 농가의 가양주까지를 포함하면 650여 종에 달하는 것으로 조사된다.

따라서 조선시대에 이르러 전통주는 유교(儒敎) 중시의 국가정책과 함께 농경의 발달로 가양주 문화를 꽃피우면서 더욱 다양하고 고급스런 경향을 띠게 되었음을 알 수 있다.

구한말에서 현대

개화기에 들어 대량화와 경제성을 추구하게 되면서 가양주로서의 전통주는 부녀자들이나 하는 천업으로 인식하게 되었고, 이로 인해 전통주 경시 현상이 나

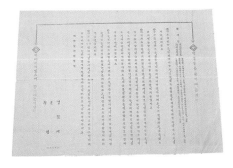

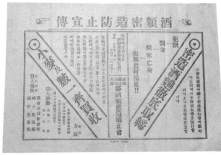

주세령 조선총독부는 주세령을 공포하여 개인이 술을 빚는 일을 금하였다.

밀주 금지 전단 일제 강점기에 이어 광복 이후에도 밀주 단속이 표면화되었는데, 이로 인해 많은 전통주가 사라지게 되었다.

타나게 되었다. 또한 외국과의 교류가 활발해지면서 맥주, 고량주, 주정 등 수입 양주에 밀려 가내수공업 형태의 국내 양조업은 압박을 받기 시작하였으며, 특히 1909년 2월 일본이 자가 양조를 금지하는 「주세법」을 발표하면서 전통주는 자취를 감추게 되었다.

1948년 광복 이후에도 「주세법」의 골격은 그대로 유지되었으며, 한국전쟁 후에 식량 부족을 이유로 「식량관리법(食糧管理法)」을 제정하고부터 밀주 단속이 표면화되었는데, 이로 인해 650여 종에 이르던 전통주는 1982년에 30여 종으로 줄어들었으며, 술 빚는 법의 정통성을 잃은 채 오늘날까지 일본식 술 빚기와 국적을 알 수 없는 획일적인 방식의 개량주들이 그 자리를 차지하게 되었다.

전통주의 우수성과 특징

우리 전통주가 세계 어떤 나라의 술보다 낫다고 하면 과장된 것으로, 또 과문한 탓이라고 할런지도 모른다. 하지만 우리 전통주에 대해 조금만 더 깊이 이해하고 나면, 우리 전통주의 전통성 못지않게 술 빚기에 깃든 다양성과 계절성, 약리성은 세계 어느 민족에서도 찾아보기 어려운 것임을 알게 될 것이다. 이는 우리 전통주의 장점이자 가장 큰 특징이기도 하다. 우리 전통주의 우수성과 특징은 다음 몇 가지로 꼽을 수 있다.

체질에 맞는 곡주

어느 나라건 그 나라의 술은 전통성과 역사성을 함께한다. 술은 오랜 세월을 두고 누적된 경험과 지혜로부터 나온 것으로, 가장 큰 영향을 받는 것은 주변 환경과 그 민족 고유의 식생활이다. 따라서 한 나라의 술은 그 민족의 식습관을 반영한 것이라고 할 수 있는데, 술의 종류를 가리킴에 있어 대개는 재료와 산지가 중심이 된다. 그 대표적인 예가 와인과 맥주이다.

하지만, 우리의 경우는 훨씬 복잡하다. 우리나라 술은 쌀, 찹쌀, 보리, 밀, 조, 수수, 기장, 옥수수, 고구마, 감자, 호박, 밤, 메밀 등 주재료에 따라 각각 술의 종류가 다르고, 술을 마시는 때와 빚는 시기에 따라 세주(歲酒)를 위시하여 귀밝이 술, 삼해주, 삼오주, 사오주, 청명주, 신도주 등 다양한 종류가 있다. 또 일야주(一夜酒)를 비롯하여 일일주와 삼일주, 칠일주, 십일주, 스므주(스무주), 백일주, 일년주, 천일주 등과 같이 술을 익히는 기간에 따라서도 술 이름이 달라진다.

그러나 모든 술은 우리가 주식으로 삼는 곡물을 주재료로 한다. 이는 우리나라 전통주가 곡주라는 것을 말하거니와, 무엇보다 우리의 술 빚기가 가장 우리 체질에 맞는 재료를 이용하여 이루어진다는 사실을 반증하는 것이다.

곡주가 우리의 체질에 맞지 않았다면, 그리고 우리의 기호나 식습관과 어울리지 않았다면 이미 곡주는 흔적도 없이 사라졌을지도 모를 일이다. 특히나 우리 민족처럼 발효음식과 같은 복잡하고 다양한 맛을 추구하는 민족도 드물 것이라는 관점에서 곡주는 가장 과학적이고 합리적이며, 무엇보다 우리 체질에 맞는 음식이라고 할 것이다.

누룩의 재료가 되는 통밀가루 전통주는 우리가 주식으로 삼는 곡물을 주재료로 한다. 곡물의 종류에 따라 누룩은 물론 술의 종류가 달라지며, 술을 익히는 기간에 따라 술 이름이 달라지기도 한다.

다양한 맛과 향

우리 전통주는 무엇보다 빚는 방법에서 다양성을 추구해 왔다. 똑같은 재료라고 하더라도 술 빚을 재료를 어떠한 방법으로 처리하느냐에 따라 맛과 향이 천차만별이기 때문이다.

그 예로 주재료를 죽이나 백설기, 인절미, 구멍떡, 물송편, 범벅, 개떡, 고두밥 등 다양한 방법으로 처리한 술 빚기가 이루어지는데, 죽으로 빚은 술은 그 맛이 부드럽고 순하며, 홍시나 배와 같은 은은한 향기를 낸다. 백설기로 빚은 술은 감칠맛이 뛰어나며, 복숭아나 살구와 같은 과실 향기를 자랑한다. 구멍떡으로 빚은 술은 단맛과 저장성이 뛰어나며 자두, 포도, 복숭아와 같은 과실 향기가 있다. 물송편으로 빚은 술은 술 빛깔이 맑고 깨끗한 것이 특징으로 오묘한 사과 향기 등의 방향을 띠며, 개떡으로 빚은 술은 필자의 경험으로는 맛이나 향기에서 따라올 술이 없다고 할 정도로 전통주 가운데 단연 으뜸이다.

우리나라 사람들이 가장 선호하는 인절미로 빚는 술도 있는데, 감칠맛이 뛰어나며 술이 부드럽고 깨끗한 것이 특징이다. 가장 흔한 방법인 고두밥은 과정이 간편한 대신 맛이나 향기가 떨어진다. 다만 맑고 깨끗한 술을 얻기 위한 방법에서 널리 이용되며, 가장 거칠고 독한 맛을 낸다. 끝으로 범벅으로 빚는 방법은 요즘 '생쌀발효법' 또는 '비열처리법'으로 알려지고 있는 '무증자법(無烝煮法)'으로 자두꽃과 같은 강하고 자극적인 향기와 톡 쏘는 듯한 맛이 특징이다.

이와 같이 다양성을 우리 전통주의 가장 큰 특징이자 장점으로 꼽는 것은, 다름 아닌 우리 술의 뿌리가 조상 대대로 가문과 집안마다의 비법으로 대물림해 온 데 따른 것이다. 그렇지 않고 일찍이 대량생산하여 공장제품화 되었더라면, 아마도 그 맥이 완전히 끊겼거나 전통주라는 단어조차도 사라지고 말았을지 모를 일이다.

계절 감각과 풍류

우리 전통주에는 계절감과 풍류가 깃들어 있다고 하는 점에서 가히 세계에 자랑할 만하다. 이는 술을 계절마다 다르게 빚고 즐긴다는 것을 의미하는데, 이 또한 우리 술의 다양성을 반영한다고 할 수 있다.

즉, 술을 빚는 때에 따라 여러 가지 향이 다른 자연 재료를 첨가함으로써 맛과 향이 다른 가향주를 즐겼다. 가문 비법의 술이라도 술을 빚는 때에 맞춰 그 계절에 얻어지는 꽃이나 과실 등 향기를 첨가하였다.

또한 술을 통해 풍류를 즐겼다. 시인 묵객과 선비들만이 아닌 풀뿌리 민초들에 이르기까지 계절주를 마시면서 계절 감각과 풍류를 즐겼다.

봄이면 삼천리강산을 붉게 물들이는 진달래를 따다 화전(花煎)을 부치고 술을 빚어 마시면서 봄이 왔음을 알았고, 배꽃이 필 무렵에 빚어 두었던 이화주(梨花酒)는 한여름의 갈증을 달래고 땀을 씻기에 충분했다. 여름이 지나도록 변치 않는 과하주(過夏酒)로 여름을 건강하게 지내고, 서리를 이겨낸 국화 향기 그윽한 국화주와 국화전을 곁들이면서 가을이 깊어감을 노래했다. 서설(瑞雪)로 천지가 하얗게 바뀐 설산을 바라보면서 정인(情人)과 함께 마시는 매화주에 동짓달 긴긴 밤은 그윽한 청매 향기만큼 깊었던 것이다.

건강을 돕는 약주

평소에 즐겨 빚는 술에 한약재를 넣은 약주〔藥用藥酒〕는 환자의 질병 치료와 예방, 건강 증진에 목적을 둔 것으로 선조들의 지혜로운 음주 습관을 살펴볼 수 있다. 우리 조상들은 술을 즐기는 가운데 향기와 약성(藥性)이 좋은 약재들을 끌어들임으로써 한층 다양한 흥취를 돋우었다. 자연 재료가 갖는 향기나 약성은 알

연엽주 제조 과정 약용약주는 환자의 질병 치료와 예방, 건강 증진에 목적을 둔 것이다. 연엽주는 혈행 개선에 효과가 있다는 연잎을 첨가하여 빚은 술이다.

코올에 의해 추출(抽出)이 잘 되며 오랫동안 저장이 가능하다는 사실은 이러한 습관을 부추겼다. 술을 단순한 기호 음료로만 인식하지 않고 아울러 건강도 도모했던 것이다.

　이러한 음주 습관은 동서고금을 통하여 쉽게 목격할 수 있거니와, 특히 우리 민족은 처음 만나는 사람이나 오랜만에 만나는 친구간의 수인사(修人事)에, 그리고 늘상 함께하는 동료간에 '약주 한잔 하자'는 말을 나눌 정도로 약주는 전통주를 생각할 때 빠질 수 없는 중요한 특징이다.

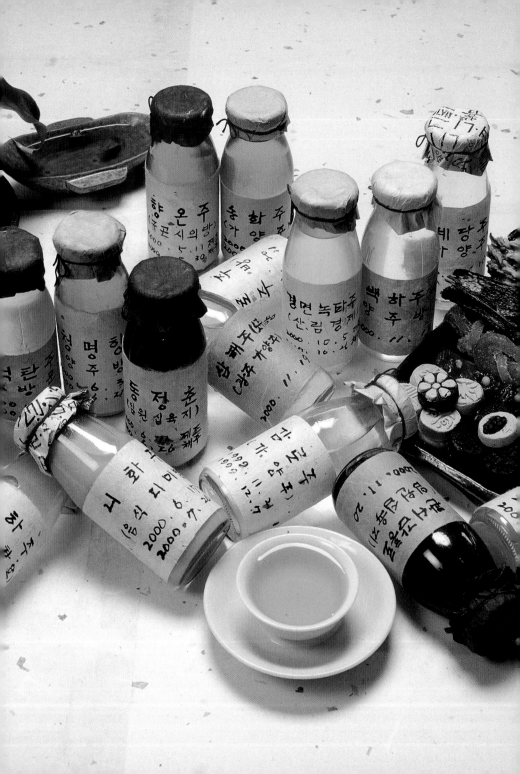

전통주의 분류

　전통주를 구분하는 기준은 크게 술의 형태와 제조 방법, 부재료의 사용 여부, 술 빚는 시기, 술 익히는 기간, 술 빚는 횟수 등에 따르는 것이 일반적이다. 이외에 술을 사용하는 목적과 재료의 양, 생산지 등으로 다양하게 구분하기도 한다.

　현행 「주세법」은 주류의 종류에 따라 주정, 탁주, 약주, 청주, 맥주, 과실주 등을 총칭하는 발효주류(醱酵酒類), 증류식 소주와 희석식 소주를 비롯하여 위스키, 브랜디, 일반 증류주, 리큐르를 포함한 증류주류(蒸溜酒類) 등으로 나누고 있다. 이러한 분류법은 주류의 증류 여부와 이름만 나열하였을 뿐 제조법을 무시하고 있고, 사용 원료에 따른 규정이 많다는 것이 문제점으로 지적된다.

　전통주류는 그 뿌리가 가양주에 있다고 할 수 있으며, 전통적으로 양조주(釀造酒)와 증류주(蒸溜酒), 혼성주(混成酒), 혼양주(混釀酒), 이양주(異釀酒)로 구분하여 왔다. 그러나 이와 같은 분류는 술의 형태와 성격에 따른 분류이다. 이를 좀더 세세하게 나누면 제조 목적, 제조 시기, 제조 방법, 재료, 산지, 제조 횟수, 제조 기간, 용도, 누룩의 종류에 따라 얼마든지 다양하게 나누어 볼 수 있다.

술을 거르는 형태에 따른 분류

　전통주는 그 형태에 따라 탁주와 청주, 소주(증류주)로 나눈다. 술의 형태를 구체적으로 지적하자면 모두가 액체 상태이긴 하지만, 우리나라에서는 전통적으로 술을 거르는 형태에 따라 분류하고, 그 맑기에 따라 또는 알코올 도수의 높고 낮음에 따라 분류하기도 한다.

전통주는 대부분이 곡주(穀酒)이자 발효주(醱酵酒)로 발효가 끝나 다 익은 술을 어떠한 방식으로 거를(채주採酒) 것이냐에 따라 청주(淸酒)와 탁주(濁酒)로 나뉘고, 이렇게 해서 얻은 청주와 탁주를 증류기(蒸溜器)를 이용하여 순수한 알코올만을 추출해내면 알코올 함량이 높고 맑은술인 소주(燒酒)가 되는 것이다.

그러나 「주세법」에서는 아무리 맑은술이라도 알코올 함량이 12% 이하인 술은 탁주로 분류하고 있다. 따라서 정확하면서도 단적인 전통주의 분류는 한마디로 어렵다고 하겠다.

탁주

우리나라 술 가운데 가장 오랜 역사와 전통을 가진 술의 하나이다. 이미 원삼국시대에 술 빚는 기술이 정착되었고, 탁주가 먼저인지는 확실히 알 수 없으나 삼국시대에도 청주와 탁주가 구별되어 빚어졌다는 설이 설득력을 얻고 있다.

그러나 술을 빚는 방법에서 탁주가 먼저 빚어졌음을 짐작해 볼 수 있다. 이를테면 일일주, 삼일주와 같은 속성주와 미인주, 지주와 같은 술은 '빚는 방법'에서 곡물을 가루로 만들어 사용하는데, 이러한 술의 대부분이 걸쭉한 죽 상태이거나 희뿌연 빛깔의 술, 곧 탁주라는 사실이다. 그리고 우리나라를 비롯하여 중국(대만)과 일본 등 동양문화권에서 볼 수 있는 계명주(鷄鳴酒), 미인주(美人酒) 등은 모두 곡물을 주재료로 하여 빚는 탁주라는 공통점을 지니고 있는데, 사실 미인주와 같은 술은 고구려와 동옥저, 삼한이 시작되던 때에 빚어진 것으로, 알코올 도수가 낮고 맛과 향도 떨어지게 마련이라는 점에서도 탁주가 먼저 빚어졌다고 추측할 수 있다.

그러다가 술에 대한 인간들의 기호가 점점 바뀌어 맛과 향, 알코올 도수 등에서 좀더 자극적이고 강한 맛과 향을 찾게 되면서 맑은술인 청주가 빚어지게 되었을 것으로 추측해 볼 수 있다.

탁주류 가운데 대표적인 술이 막걸리다. 여기서 막걸리는 '막(마구) 걸렀다' 또는 '함부로 아무렇게나 걸렀다' 즉, '막되고 박한 술'을 뜻한다. 이렇게 마구 거른 술은 '술 빛깔이 흐리고 탁하다'는 뜻에서 탁배기, '일반 가정에서 담그는 술'이라는 뜻의 가주(家酒), '술 빛깔이 우유처럼 희다'고 하여 백주(白酒), '농사일에 널리 쓰는 술'이라는 의미의 농주(農酒) 등 여러 이름으로 부른다.

탁주류에도 일반 탁주와 고급 탁주가 있다. 일반 탁주는 탁주, 막걸리, 재주(滓酒), 회주(灰酒), 탁배기 등이 있고, 대체적으로 한 번 빚는 단양주와 빠르게는 하루 만에 길게는 10일 만에 익힌 속성주가 대부분을 차지한다. 반면, 고급 탁주로는 걸쭉한 수프 형태의 이화주를 비롯하여 추모주(秋麰酒), 혼돈주(混沌酒)가 대표적이다. 청주를 뜨고 난 이양주와 삼양주, 사양주 등 중양주의 술지게미에 물을 타서 짜내면 막걸리 형태의 고급 탁주가 된다.

이와 같은 전통 탁주류는 감칠맛이 특징으로, 청량미(淸凉味)가 뛰어나 땀 흘

전통 막걸리 탁주는 흐리고 탁한 술을 말한다. 감칠맛이 특징이며 청량미가 뛰어나 땀 흘려 일한 뒤 갈증을 씻어내는 데 그만이다.

려 일한 뒤 갈증을 씻어내는 데 그만이며, 약간의 단맛과 신맛, 쓴맛, 떫은맛, 매운맛 등의 오미(五味)를 느낄 수 있다. 한편 양조장에서 밀가루를 주원료로 하여 만든 막걸리 등은 신맛이 강하여 시큼털털한 맛을 내고, 술을 마신 뒤 헛배가 부르고 트림이 나며 두통이 따르기 때문에 점차 외면당하고 있는 실정이다.

자신이 즐기는 막걸리나 동동주가 전통 방식의 탁주인지를 구분하는 방법으로, 술을 병이나 잔에 담았을 때 오래지 않아 침전(沈澱)이 생기면 양조장식(개량식) 방법에 의해 밀가루로 빚은 술이라고 보아도 틀림이 없다. 전통적인 방법으로 빚고 쌀을 주원료로 한 탁주류는 쉽게 앙금이 앉지 않아 굳이 흔들거나 젓가락으로 휘저어 마시지 않아도 되기 때문이다.

청주

청주는 앞서 언급한 탁주와 반대되는 개념의 주류이다. 청주는 우리 주류에서 전통주의 근간(根幹)을 이루고 있다고 해도 과언이 아닐 만큼 중요한 술이다. 전통주의 부흥기라고 할 수 있는 조선시대만 하더라도 삼해주, 호산춘, 하향주, 석탄주, 방문주, 소곡주, 법주, 청명주, 백하주, 벽향주, 감향주, 동양주, 백화주, 향온주, 동정춘, 죽엽춘 등 이루 헤아릴 수 없을 정도로 많은 전통 청주들이 저마다 주품을 다투었다.

그러나 우리는 전통주를 이야기할 때 '청주' 대신에 '약주'라고 부르는 경우가 많다. 청주를 약주로 부르게 된 것은 일제 강점기에 시행된 전통 문화 말살 정책에서 비롯된다. 일제 강점기 때 일본인들은 우리의 술을 청주와 탁주, 약주로 따로 분류하지 않고 청주와 약주를 조선주(약주)로 묶는 대신, 일본 술만을 청주로 분류하였다. 그 영향으로 아직까지도 제사에 드리는 술은 정종(일본 청주)을 사용한다는 생각을 갖게 되었고, 음복(飮福)에는 반드시 일본 사람들처럼 데워서 마시는 것으로 여기게 되었다. 이러한 사실은 전통주에 대한 인식이 잘못되었음은 물론 우리 고유의 식습관이 바뀌었다는 것을 뜻하기도 한다.

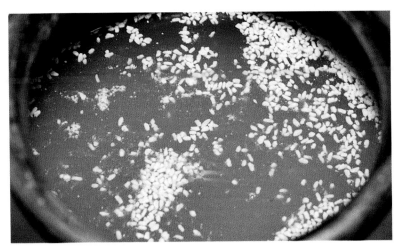

숙성이 끝난 청주(위)와 재현해 본 석탄주 청주는 발효가 끝난 술을 맑게 걸러낸 것으로 복잡하고 다양한 맛과 향을 낸다. 우리 주류에서 대표적인 술이라고 볼 수 있다.

1809년의 기록인 『부인필지(婦人必知)』에는 우리의 식습관을 "밥은 봄과 같이 먹고, 국은 여름과 같이 먹고, 장은 가을과 같이 먹고, 술은 겨울과 같이 하라"고 표현해 놓고 있다. 즉, 따뜻한 밥과 뜨거운 국을 즐기는 경우 술은 차게 해서 마셔야 음식궁합이 맞다는 것인데, 멋모르고 남들(일본인)이 하는 대로 따라가다 보니 음주 습관마저 바뀌고 말았던 것이다.

전통 청주는, 고두밥에 씨누룩〔種麴〕을 섞어 발효시킨 '코지'와 효모, 주모를 이용하여 술을 빚는 일본식(개량식) 청주와는 근본적으로 맛이 다를 뿐더러, 특히 향은 오묘하다 싶을 정도로 복잡한 성격을 지니고 있다. 일본식 청주가 맑고 밝은 색상으로 단순한 맛과 한 가지 향을 지향한다면, 우리의 전통 청주는 복잡하고 다양한 맛과 향이 그 특징이자 자랑으로, 술 빚는 이의 솜씨에 따라서는 향기를 으뜸으로 하는 서양의 그 어떤 와인보다 뛰어나다. 우선은 주재료인 쌀의 처리 방법이 다양하고, 재료의 배합 비율이 어떻게 조화되느냐에 따라 그 맛과 향에서 현저한 차이를 나타내기 때문이다.

그러나 지금도 절대 다수의 양조장에서는 일본식 청주가 빚어지고 있으며, 실제로 우리의 누룩과 쌀 등 곡물과 물이 재료의 전부인 순곡(純穀) 청주는 찾아보기가 힘들 정도이다.

증류식 소주

우리나라의 증류주는 외국의 위스키나 브랜디와 같은 원리로 만들어지는데 '소주'라고 한다. 증류주라는 자전풀이 그대로 증류한 술을 말하는데, 우리나라에서는 막걸리를 비롯하여 청주, 약주, 가향주 등의 발효주를 가열하여 증류기(蒸溜器)를 통해 기화(氣化)한 알코올을 추출(抽出)한 뒤 이를 냉각하면 소주를 얻는다.

곡류와 서류(薯類) 등을 원료로 한 발효주를 증류하여 이슬처럼 받아내므로 무색 투명하다. 흔히 노주(露酒), 기주(汽酒), 백주(白酒), 화주(火酒), 한주(汗酒) 등 여러 이름으로 불리나 증류 과정이나 원리는 다를 바가 전혀 없다.

예로부터 내려오는 방법의 소주는 다 익힌 발효주를 시루나 소줏고리를 이용하여 증류한 제품으로 '증류식 소주', '본격 소주', '재래식 소주'라고 하는데, 원료나 이로부터 유도(誘導)되는 각종 알코올 부산물 중 휘발성 물질을 함유하게 되어 특이한 향미(香味)를 갖는다.

반면, 값싼 밀이나 옥수수, 고구마 등의 전분을 당화(糖化)시킨 후, 배양(培養)

소줏고리에서 소주를 받는 모습 증류식 소주는 다 익힌 발효주를 시루나 소줏고리를 이용하여 증류한 것으로, 원료로부터 유도되는 독특한 향미를 갖는다.

효모를 이용하여 발효시킨 양조주를 연속식 증류기로 증류하여 일체의 불순물 없이 순수한 알코올(85~99%)을 얻고, 여기에 물을 타서 20~35%로 희석하여 만든 소주를 '희석식 소주'라고 부른다. 이때 물을 희석하면 쓴맛〔苦味〕이 강해져 도저히 마실 수 없으므로 설탕, 포도당, 올리고당 등의 감미료와 구연산, 아미노산, 솔비톨, 무기염류와 향신료를 첨가하는데, 회사(제품)에 따라 쓴맛이나 단맛 등 여러 가지 맛이 나기도 한다.

삼해주(재현)

증류식 소주에 대한 조선시대의 옛 문헌으로는 『주방문(酒方文)』을 비롯하여 『규곤시의방』, 『지봉유설』, 고려대 소장 『규곤요람(閨壺要覽)』, 『규합총서(閨閤叢書)』, 『김승지댁주방문(金承旨宅酒方文)』, 『역주방문(歷酒方文)』, 『고사십이집(攷事十二集)』, 『북관지(北關志)』, 『조선무쌍신식요리제법(朝鮮無雙新式料理製法)』, 『조선고유색사전』 등 헤아릴 수 없으나, 지방에 따라 빚는 법은 약간씩 차이를 나타내고 있다.

요즘은 소주를 아무 때나 마시는 습관으로 바뀌었으나 옛날에는 사정이 사뭇 달랐던 것 같다. 지방별로 기후와 풍토가 달랐으므로 지방마다 소주를 마시는 시기도 달랐던 것이다. 실례로 남부 지방에서는 발효주 제조가 어려운 여름철에 한하여 소주를 즐겼는 데 반해, 북부 지방에서는 여름철이라도 밤낮의 기온차가 심하여 사계절 내내 소주를 즐겼으며, 서울 등 중부 지방에서는 5월부터 10월 사이에 소주를 마셨다고 한다.

전통 방식의 증류식 소주는 순수 곡물로 한 번 빚어서 발효가 끝난 술덧을 바로 증류하는 단양 증류주와 이양주(二釀酒)를 증류한 2양 증류주 외에 3양 증류주 등의 순곡 증류주와 곡물(穀物)에 꽃이나 과실껍질 등 여러 가지 가향재를 넣어 발효시킨 가향주를 증류한 가향 증류주, 그리고 곡물에 인삼 · 계피 · 오가피 등 여러 가지 약재를 넣고 발효시킨 약용약주(藥用藥酒)를 증류한 약용증류주가 있으며, 일반적인 상고법이 아닌 특별한 방법으로 양조한 이양주(異釀酒)를 증류한 이양증류주로 나눌 수 있다. 또 소주에 약재를 넣어 숙성 · 침출시킨 혼성주,

곡물과 소주 또는 곡물과 약재, 소주를 넣어 발효시킨 혼양주로 나눌 수가 있다.

증류식 소주의 경우 대기압하의 증류법(상압증류)이 이용되었으나, 최근에는 증류 장치 내부를 감압하여 저온에서 술덧을 증류하는 감압증류로 전환되고 있다. 이런 경향은 소비 인구의 소프트화에 따른 반영으로, 감압증류가 상쾌하면서도 이취(異臭, 탄 냄새, 누룩 냄새 등)를 해소하여 주므로 비교적 주질(酒質)을 향상시킬 수 있기 때문이다.

제조 방법에 따른 분류

술을 빚는 일에도 그 목적이 분명해야 한다. 무슨 일이든 마찬가지겠지만 목적이 바로 서지 않고서는 뜻했던 바의 술이 빚어지지 않는다는 것을 경험하게 될 것이다. 술을 빚을 때에는 무슨 목적으로 이 술을 빚는 것인지, 어떠한 과정을 밟을 것인지, 어떻게 사용할 것인지에 대해서 분명하게 해 둘 필요가 있다.

우리 술은 제조 목적에 따라 그 종류와 방법에서 여러 가지로 나뉘는데, 다음에서 자세히 살펴보기로 한다.

속성주류

전통적으로 우리 조상들은 봉제사(奉祭祀) 등 조상 숭배와 자연신에 대한 민간신앙을 바탕으로 사회적 규범을 형성하고 농사를 주업으로 하는 삶을 영위해 오면서, 제사용 술과 농주(農酒)를 상비해 두는 것을 사회적 관습으로 여겼다.

이러한 사회적 풍토에서 가양주 문화가 비롯되었는데, 특히 '술맛으로 그 집안의 길흉을 안다'고 하는 기복신앙(祈福信仰)과 함께 '혼사에 쓸 술'이 잘못되었을 경우, 그것은 곧 출가할 자녀의 장래가 불행할 것으로 믿어지기도 했다.

속성주(速成酒)는 많은 손님을 대접하거나 집안의 행사 등 갑작스런 상황을

속성주류 일일주, 삼일주, 급시주, 급청주 등으로, 이 술들은 모두 술덧을 따뜻하게 하여 10일 내에 발효시킨다. 비교적 탁한 빛깔에 알코올 도수도 낮아 서민들이 즐겨 마셨다.

앞두고 많은 양의 술을 한꺼번에 빨리 마련해야 할 때 빚는 술이다. 미리 빚어 둔 가양주가 많이 남아 있으면 다행이겠지만, 술 없이 손님을 대접하는 것은 당시에 사회적으로 용납되지 않았기 때문이다.

속성주류는 주종에 따라 약간씩 다르긴 하지만 몇 가지 공통점을 갖는다. 일일주를 비롯하여 삼일주, 급시주, 급청주 등에서 볼 수 있듯이 발효 기간이 3일 이내인 경우는 발효를 돕기 위하여 수곡(水麴)을 만들어 따로 빚어 둔 술을 첨가하며, 이양주라도 따뜻한 곳에서 발효시킨다는 점이다. 또한 이양주는 먼저 담는 술인 밑술을 죽이나 범벅, 백설기, 고두밥 등 다양한 형태로 하지만, 속성주의 경우 죽과 백설기, 고두밥 형태의 술 빚기가 주종을 이룬다는 사실이다. 이렇게 하면 술의 발효를 촉진시킬 수 있기 때문이다.

이와 같은 속성주는 다양한 방법으로 빚어지고 재료의 처리 방법도 각각 다르지만, 술덧을 따뜻하게 하여 10일 내에 발효시키는 것은 동일하다. 환언하면, 속성주는 술을 빨리 발효시키기 위한 목적으로 모든 방법이 동원된 술 빚기라고도 할 수 있으며, 흔히 '우물쭈물하는 사이에 술이 익는다'고 하여 '준순주(逡巡酒)'라는 별칭을 갖고 있다. 속성주의 대부분은 탁한 빛깔에 알코올 도수도 낮고 맛이 박하여 서민들이 즐겨 마셨다.

감주류

술을 즐기지 않는 사람과 술에 약한 사람들은 대개 감주류(甘酒類)의 술을 빚어 단맛을 즐긴다. 감주류는 알코올 도수가 낮은 편이나 단맛이 남아 있어서 술맛이 부드럽고 향기롭다.

민가에서 흔히 식은 밥을 이용해서 빚어 마시는 '단술'이 그 예이다. 경상도 등 일부 지방에서는 엿기름을 푼 물에 고두밥을 삭혀서 만든, 이른바 전통 음료인 식혜(食醯)를 감주라고 하는데, 알코올 음료로서의 감주와는 다르다.

감주는 본디가 빠른 시일 안에 발효를 끝낸 술로서, 다른 술에 비하여 주재료로 찹쌀을 많이 쓰고 적은 양의 물을 사용하며, 이양주법의 감주류가 있기도 하지만 한 번 담그는 단양주가 주류를 이룬다.

감주류에는 감주, 청감주, 점감청주, 점감주, 점주, 건조항주, 단술 등 10가지가 알려지고 있는데, 조선시대 『주방문』을 비롯한 술 관련 문헌과 음식 관련 문헌인 『규곤시의방』, 『음식방문(飮食方文)』, 『조선무쌍신식요리제법』 등에 술 이름과 양조 방법이 수록되어 있다.

우리의 술은 곡물(녹말, 전분)을 주원료로 하고 누룩을 발효제로 하여 빚는데, 술이 되는 과정에서 녹말이 누룩의 힘에 의해 당화되어 당분이 생성되면 단맛을 띠게 되는데, 이때는 술이 익지 않은 상태이다. 감주는 이와 같이 술이 덜 익은 상태에서 단맛을 즐기는 술이 아니라, 단시일 안에 특별한 방법으로 완전발효를 시켜 알코올 함량은 낮으나 단맛이 강하게 만든 술이라고 할 수 있다.

가향주류

우리 전통주는 계절 감각을 끌어들이고, 특히 술의 사용 목적에 따라 방법을 달리함으로써, 무엇보다 다양한 술 빚기를 특징으로 꼽을 수 있다. 꽃이나 과일, 열매 등 자연 재료가 갖는 향기를 첨가한 '가향주류(佳香酒類, 加香酒類)'라고 일컫는 술과 인삼, 당귀, 구기자 등 여러 가지 생약재를 넣어 빚는 '약용약주류

(藥用藥酒類)'도 그에 포함된다.

　향기를 즐기는 가향주의 대부분은 겨울의 끝 무렵부터 피기 시작하는 꽃을 사용하는 경우가 많으나, 더러 과일이나 그 껍질 또는 약용식물의 잎 등을 사용하기도 한다. 가향주를 빚는 데 사용하는 부재료는 크게 꽃잎과 잎, 과일껍질로 나눌 수 있는데, 꽃잎의 경우는 반쯤 핀 꽃을 송이채 채취하여 흐르는 물에 살짝 씻어 물기를 털어내고, 바람이 통하고 그늘진 곳에서 2~3일간 2회 정도 바짝 말려서 사용한다. 또 박하와 같이 향기가 좋은 잎새는 부드럽고 연한 것을 골라 채취하고 꽃잎과 같은 방법으로 건조시킨다.

　과일껍질은 유자나 귤껍질이 주로 이용되는데, 물에 깨끗이 씻어 그늘에서 바짝 말려 사용해야 술맛이 다치지 않게 된다. 말리지 않은 생물(生物)을 사용할 경우는 역시 물에 씻은 후 물기를 털어내고, 술을 빚을 때 함께 버무리거나 술독 밑바닥에 한 켜 깔고 술덧을 안치고, 다시 맨 위에 재료를 덮어서 발효시키는 방법이 있다.

　우리가 가향주를 즐기게 된 데에는 술을 단순히 기호 음료로만 인식하지 않고, 일월순천(日月順天)의 계절 변화에 따라 그때그때 얻어지는 자연물(自然物)을 섭생해 온 고유한 식습관에 기인한 것으로, 이러한 식습관은 현대 사회에서도 매우 과학적이고 합리적인 방법으로 인식되고 있다.

가향주류　향기를 즐기는 가향주의 대부분은 겨울의 끝 무렵부터 피기 시작하는 꽃을 사용하는 경우가 많으나, 더러 과일이나 그 껍질 또는 약용식물의 잎 등을 사용하기도 한다.

다시 말해, 계절 변화에 따라 봄이면 꽃이 피고 여름이면 잎이 무성해지며, 가을이면 열매와 뿌리가 성해지는 자연의 섭리를 그대로 술에 끌어들이는 지혜를 발휘한, 이른바 가향주와 계절주를 빚어 즐겨 왔던 것이다. 따라서 우리 전통주는 술이 갖는 고유의 기능 외에 특별히 향기와 약리성(藥理性)을 즐기는 것으로서, 소위 '풍류'가 깃들어 있다고 하겠다.

약용약주류

엄밀한 의미에서는 통상적으로 빚는 술에 약재와 기타 부재료를 함께 넣고, 일정 기간 익힌 술을 약용약주(藥用藥酒) 또는 줄여서 약주(藥酒)라고 한다.

이러한 약용약주는 고려시대 이후의 여러 음식 관련 문헌에 자주 등장하는데, 도소주(屠蘇酒)를 비롯하여 자주(煮酒), 동양주(東陽酒), 국화주(菊花酒)처럼 여러 가지 약재를 같이 달이거나 삶거나 찌거나 하여 곡주를 빚을 때 함께 재료에 넣는데, 그 수효는 많지 않다. 그리고 약재의 선택도 오가피, 구기자, 창포, 송엽, 죽엽, 치황, 인삼 등 단일 약재를 넣어 빚는 약주류들이 많다.

단양주에서는 삶은 물이나 즙을 내어 이용하는 경우가 많고, 이양주에서도 밑

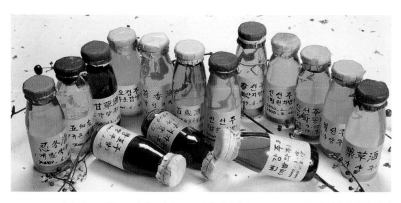

약용약주류 길빙 지료 목픽으로 서민층에서 두로 빚어 마시던 약용약주류는 술맛에 있어 은은한 향기나 취기보다 쓴맛과 약 냄새가 강한 것이 특징이다.

술이나 덧술에 한 번 넣는 방법이 주류를 이루는데, 그 처리 방법은 삶은 물, 찐 것, 볶은 것, 날것, 분말, 파쇄, 즙 등 매우 다양하다.

이러한 약용약주가 일반화된 것은, 조선조 중엽 허준의 『동의보감』이 편찬된 이후부터이다. 그 이전에는 약재가 비싸서 사대부나 부유층에서 주로 빚어 마셨는데, 『동의보감』 '잡병편'에 자생 약재의 효능과 처방이 수록됨에 따라, 일반 서민들 사이에서도 주변에서 쉽게 구할 수 있는 약재를 질병 치료와 예방 목적으로 넣어 빚어 마시게 되었던 것이다.

한때 가뭄이나 한해(寒害)가 들면 식량 사정이 어려워지므로 쌀로 술을 빚는 것을 금하는 금주령(禁酒令)을 내리곤 했는데, 환자가 병을 치료하기 위해 술을 약으로 마시는 경우는 예외로 하였다.

그런데 사대부나 부유층에서는 이 '약주'를 핑계 삼아 술을 마셨으므로, 이를 두고 '점잖은 이(사대부, 부유층)가 마시는 술은 약주다'고 한 데서 약주라는 말이 생겨났다고도 전해 온다.

서민층에서 빚어 마시던 약용약주류는 질병 치료 목적에서 약을 복용하기 위한 수단으로 술을 빚었기 때문에, 술맛에 있어 은은한 향기나 취기보다는 쓴맛과 약 냄새가 강한 것이 특징이다.

혼성주류

혼성주(混成酒, Compound Spirits)는 여러 종류의 증류주나 알코올에 과실, 약채, 향초(香草), 종자(種子)류 등의 추출물이나 당류, 향료, 색소를 첨가하여 제조한 주류를 말하며, 외래어로는 '녹아들었다'는 뜻의 리큐르(Liqeur, LiQor)라고 한다.

리큐르는 고대 그리스의 히포크라테스(Hippocrates)가 와인에 약초류를 첨가하여 제조한 물약을 그 기원으로 보기도 하며, 9세기경 아랍인에 의해 증류주가 처음 제조된 이래 거친 스프릿(Sprits)을 부드럽게 하기 위해 달콤한 맛의 시럽

(syrup)을 첨가하면서부터 시작되었고, 이후 단맛과 향이 있는 식품을 첨가하게 되었다고 하는 설을 그 기원으로 보는 견해도 있다. 우리나라에서는 약재가 귀하고 값이 비쌌기 때문에 저장과 보관의 한 방편으로, 또 알코올의 약성 추출 효과가 뛰어난 점을 이용하게 되면서 혼성주를 즐겨 마시게 된 것으로 여기고 있다.

이러한 혼성주는 식욕증진제 또는 칵테일(cocktail)로 마시게 되는데, 향미(香味)가 특징이다. 특히 특정 지역의 기후나 풍토, 숙성 기간 등과는 관계없이 단기간에 제조할 수 있다. 또한 각종 감미료와 물, 향미료를 혼합하여 독특한 향미를 갖는 술을 제조하기 때문에 모방이 쉬우며, 얼마든지 새로운 독창적인 개발이 가능하다는 점에서 인기를 끌고 있다. 따라서 혼성주는 숙성에 의해 나타나는 고유의 향기 성분이 적으며, 첨가되는 향미료와 당분의 함량이 술맛을 좌우한다고 할 수 있다.

우리나라의 경우 1991년 7월 1일 이후에 이르러서야 일반 증류주(고량주, 럼, 보드카, 진, 위스키형 기타 재제주)와 과실주(알코올 강화 포도주, 와인쿨러), 인삼주, 매실주, 오가피주 등의 약용주를 리큐르로 분류하고 있다.

혼성주로는 이강고, 죽력고, 생강로, 장미로, 계피로, 인삼주, 추성주(제세팔선주), 선주(오가피주), 홍주, 홍로주, 감홍로 등 다양하며, 우리나라 대부분의 가정에서 즐겨 담는다. 다만, 경제성과 편의성을 추구한 나머지 희석식 소주를 이용하고 있고, 재료의 혼합 비율, 저장 방법 등에서 많은 문제점을 노출시키고 있다. 혼성주에 대한 옛 문헌으로는 『동의보감』을 비롯하여 『임원십육지(林園十六志)』 등을 들 수 있다.

혼양주류

혼양주(混養酒)는 우리 전통주 가운데 가장 특별한 주종으로 분류할 수 있다. 발효주이면서 동시에 증류주의 장점인 저장성을 간직하고 있기 때문이다.

혼양주는 그 방법에서 일반 곡주의 제조 과정을 똑같이 거치는데 일반적인 방

혼양주류 순곡 발효주와 증류주인 소주가 혼합된 혼양주류는 전통주 가운데 가장 특별한 주종으로 오래 저장이 가능하다.

법으로 소주를 만들어 두었다가 발효 중인 술에 첨가하여 발효, 숙성시킨다. 따라서 동동주, 청주 등 순곡 발효주와 증류주인 소주가 혼합된 상태의 술이라고 할 수 있다.

혼양주의 대표적인 술로 과하주를 들 수 있는데, 과하주는 '여름이 지나도록 변하지 않는 술'이라는 뜻과 '봄에 술을 빚어 마심으로써, 여름을 건강하게 지낼 수 있는 술'이라는 의미가 있다.

혼양주에 대한 술 빚는 법을 수록하고 있는 문헌으로는 『수운잡방』, 『산림경제(山林經濟)』, 『규합총서』 등이 있다. 이들 문헌별 술 빚는 법에서 알 수 있는 것은 재료를 어떤 방법으로 처리하여 술을 빚는가 하는 차이점 외에, 일단 발효시킨 다음 소주를 넣어 후숙(後熟)시킨다는 공통점을 보인다.

이와 같은 과하주류 외에 여러 가지 한약재를 첨가한 약용 목적의 혼양주류가 토속주로 빚어지고 있는데, 영광 지방의 '강하주(별칭 신청주)'를 비롯하여 전주 지방의 '장군주', 보성 지방의 '과하주', 화성 지방의 '약소주', 김제 지방의 '송순주'가 있다.

이양주류

필자는 지금까지 전통주와 관련하여 그 뿌리가 가양주에 있으며, 우리 가양주의 맛과 멋, 그 특징이 무엇보다 술 빚는 법의 다양성에 있다는 사실을 강조해 왔다. 그럼에도 불구하고 여기서 설명할 이양주(異釀酒)에 대해서는 그 방법을 권하고 싶지 않은 것이 솔직한 심정이다. 그 이유를 다음에서 설명하고자 한다.

우선, 이양주라 함은 술을 빚는 방법에서 일반적이지 않은, 이를테면 일반 가정에서 일상적으로 빚는 가양주 성격의 술이 아니라, 어느 날 특별하게 얻은 재료를 이용하여 한 번으로 그치는 술 빚기라든가, 우연하게 주위의 여건이 맞아 떨어졌을 때 특별한 기교를 부려서 빚는 술로서, 와송주(臥松酒)나 신선벽도춘(神仙碧桃春), 송하주(松下酒) 또는 죽통주(竹筒酒) 등 별법의 술 빚기와 거기에서 얻어진 술을 가리킨다.

우리의 전통주가 계절 변화에 따라 그때그때 얻어지는 자연 산물을 이용한다는 것을 자랑이자 특징으로 삼기도 하지만, 술 한 번 빚기 위해서 살아 있는 나무를 죽인다든가 집에서 키우는 가축을 잡는다고 하는 것은, 우리 민족의 정서나 술 빚는 이의 심성적 측면에서도 쉽게 받아들일 수 없는 일이다. 따라서 이러한 이양주와 그 방법은 특정 개인의 독특한 취미로밖에 여겨지지 않으며, 그 방법에서나 과정에서 폐해가 크다.

그 한 가지 예로서, 우리 주변에서 쉽게 구할 수 있는 재료인 소나무를 이용한 이양주가 있다. Y자로 누운 소나무에 구멍을 파고 소나무를 일종의 술 단지로 이용하는 와송주나 술 단지를 소나무 밑에 묻고 소나무의 뿌리를 단지 안에 드리워서 소나무의 성분이나 향기를 술에 끌어들이는 송하주 등이 있다. 이 술 빚기에서 알 수 있는 것은 소나무의 피해이다. 이 경우 소나무는 아무리 큰 나무라고 할지라도 고사(枯死)하고 만다. 술 한 단지를 얻기 위해서 수십 년을 키워 온 소나무를 죽이게 되는 것이다.

다시 말해, 이와 같은 이양주가 과거 특별한 주품으로 알려졌고 독특한 개성과 취미를 가진 몇몇 사람들 사이에서 약용 목적으로 빚어졌을 뿐, 결코 대중화되지는 못했다는 사실을 기억했으면 한다.

술 빚는 횟수에 따른 분류

전통주를 분류하는 방법에는 여러 가지가 있지만, 술을 빚는 횟수에 따른 분류는 널리 알려지지 않았다. 왜냐하면 삼국시대 이후 수천 년을 이어 온 우리 고유의 술 빚는 법이 일제 강점기를 맞아 단절되고 자취를 감추었으며, 일본인들에 의해 양조장 제도가 도입되면서 획일적인 양조 방법이 전국에 보급되었기 때문이다.

일본인들이 보급한 양조 방법은 전통적인 가양주 제조법과는 기본적으로 다른 데다 전국적으로 그 방법이 획일화되면서 술을 빚는 횟수는 특별한 의미를 갖지 못했던 것이다.

좋은 술이라고 하는 것이 술을 빚는 횟수에 달린 것이 아니라 좋은 재료와 정성, 그리고 우수한 효모의 사용에 달려 있다는 것이 정설이고 보면, 이와 같은 분류법은 별다른 의미를 찾을 수 없다고 할지도 모른다.

그러나 전통적인 우리술은 곡물을 이용한 '당화(糖化)'와 '발효(醱酵)'라고 하는 두 공정이 동시에 진행되는 병행복발효주(竝行復醱酵酒)이다. 발효에 따른 중요한 재료인 발효제로 누룩(곡자麯子)을 쓰는데, 누룩에는 곰팡이 냄새가 강하여 이취와 함께 술의 향기를 반감시키는 결과를 가져온다. 때문에 효모를 사용하여 발효를 한 번으로 그치는 와인과는 다른 의미가 있는 것이다.

또한 한 번 빚은 술에 다시 몇 번이나 곡물을 투입하여 발효와 숙성을 거치느냐의 문제는 술의 향기나 맛, 알코올 함량, 술의 양과 관계되는 것으로, 술 빚는 횟수가 많아질수록 알코올 함량은 더 높고 저장성이 향상되면서도 오히려 부드러운 맛과 그윽한 향취를 가져다 주는 것이 우리 전통주의 특징과 묘미가 되는 것이다.

우리 전통주를 빚는 횟수에 따라 분류하면, 술 빚기를 한 번으로 그치는 단양주(單釀酒)와 이 단양주에 한 번 더 술을 빚어 넣는 이양주(二釀酒), 이양주에 재차 술을 더 빚어 넣는 삼양주(三釀酒), 삼양주에 한 번 더 덧술을 해 넣는 사양주(四釀酒)가 있다. 어떤 주류라도 술 빚기를 한 번으로 그친 술은 단양주류(單釀酒類)로 분류할 수 있으며, 이양주와 삼양주 그리고 사양주를 총칭하여 중양주(重釀酒)로 구분할 수 있다.

단양주류

술 빚는 일을 한 번으로 그치는 술을 단양주라고 하며, '동동주'로 지칭되는 '부의주(浮蟻酒)'가 대표적이다. 단양주이면서 속성으로 빚는 술로는 급시주, 급청주, 급주, 벼락술, 삼일주, 시급주, 여름지주, 일야주, 일일주, 하일청주, 하일감주, 청감주, 절주, 하절삼일주, 동절삼일주가 있다.

그리고 찹쌀 청주, 이화주, 가루술, 배꽃술, 납주, 감저주, 내국향온, 백화춘방, 부의주, 사절칠일주, 청주, 청서주, 편주, 합주, 향설주, 하일청주, 향온주, 하일점주, 하엽청, 추모주, 춘주 등은 일반 단양주에 속한다.

일반 단양주의 제법은 속성주류에서와 같이 엿기름가루나 밀가루가 사용되기도 하는데, 백수환동주나 향온주, 내국향온과 같은 술 빚기를 보면 '주모(酒母)'로 지칭되는 석임, 부본, 술밑 등이 사용된 것을 볼 수 있다. 또 속성주에서와 같이 탁주(막걸리)를 양조용수 대신 사용하여, 단시간 내에 청주를 얻는 단양주도 있다.

단양주에 대한 기록으로는 『양주방(釀酒方)』, 『규곤시의방』, 『주방문』, 『임원십육지』, 『고사촬요』, 『동의보감』, 『고사십이집』, 고려대 소장 『규곤요람』, 『증보산림경제(增補山林經濟)』 등 실로 다양하다. 이렇듯 여러 문헌에 다양한 종류와 다양한 방법이 수록되어 있는 것은, 그만큼 단양주가 일반화 되었던 술임을 반증하는 것이라고 하겠다.

단양주의 주재료로는 멥쌀과 찹쌀, 좁쌀, 보리쌀이 널리 쓰이며, 고두밥과 백설기(흰무리), 물송편, 구멍떡, 죽 형태로 재료를 다양하게 처리하여 빚을 수 있다. 비교적 맑은술을 얻고자 할 경우에는 고두밥 형태로 빚고, 탁주를 만들고자 할 경우에는 죽과 백설기를 비롯하여 물송편, 구멍떡을 만들어 술을 빚는다는 점을 특징으로 꼽을 수 있다.

단양주는 중양주와 비교했을 때 알코올 도수가 낮아 장기간 저장이 곤란하다는 것이 가장 큰 단점이다.

이양주류

앞서 언급한 감주류와 속성주 등의 단양주에 재차 단양주를 빚을 때와 같은 방법으로 덧술을 하거나, 고두밥(백설기, 구멍떡)과 누룩, 아니면 고두밥과 물, 또는 고두밥만으로 덧술을 하여 다시 술을 빚고 발효·숙성시킨 술을 이양주라고 하는데, 우리의 전통주 빚는 방법 가운데 가장 많이 사용되고 있다.

이러한 이양주는 일반 이양주와 속성 이양주로 나눌 수 있다. 일반 이양주는 밑술과 덧술의 발효 기간이 10일 이상인 술을 가리키며, 속성 이양주는 10일 이내인 술을 가리킨다.

이양주류 술을 두 차례에 걸쳐 빚는 까닭에 맛과 향이 좋으며 술 빛깔이 맑다. 우리 전통주에서 가장 많은 술이 이 방법으로 빚어지고 있다.

술을 두 차례에 걸쳐 빚은 까닭은 그 맛과 향을 좋게 하기 위함이며, 술의 양을 늘리기 위한 목적에서 이양주가 선호된다. 따라서 이양주는 속성주나 단양주의 단점을 보완한 술이라고 할 수 있다. 속성주나 단양주법으로 빚은 술에 덧술을 한 번 더 해 넣음으로써, 술맛을 좋게 하고 알코올 도수를 높이며, 술 빛깔을 맑게 하며, 아울러 곡주 특유의 누룩 냄새를 없애는 한편으로 여러 가지 과일 향기와 같은 향취를 느낄 수 있게 된다.

이양주법의 두드러진 특징은 곡물을 죽이나 백설기, 구멍떡, 물송편, 범벅 등의 방법으로 익혀 누룩과 섞어 밑술을 빚고, 다시 고두밥이나 백설기 등으로 덧술을 하여 넣는데, 이때 누룩 또는 누룩과 물이 사용되는 경우도 있지만 대개는 고두밥 또는 백설기가 단독으로 사용된다는 사실이다.

또한 밑술이나 덧술에 부재료로 엿기름가루나 밀가루가 사용되는 것을 볼 수 있다. 밀가루는 유기산 생성을 촉진시켜 잡균으로부터의 오염이나 산패를 억제시킬 수 있으며, 엿기름가루는 당화를 촉진시켜 안정적인 발효를 도모할 수 있다.

이와 같은 이양주류로는 감향주, 녹자주, 녹파주, 급수청방, 노산춘, 댓잎술, 동양주, 동정춘, 두강주, 백화주, 백하주, 벽향주, 사시주, 사시통음주, 성탄향, 석탄주, 십일주, 오병주, 절주, 점주, 죽엽춘, 집성향, 청명향, 층층지주, 칠일주, 하향주, 행화춘주, 햅쌀술, 혼돈주, 황감주, 황금주, 회산춘 등의 순곡주(純穀酒)와 두견주, 도화주, 송엽주 등의 가향주류, 그리고 오정주를 비롯한 신선주, 백일주 등의 약용약주류를 포함하면 300가지가 훨씬 넘는다.

삼양주류

두 번에 걸쳐 덧술을 하는 삼양주법의 술 빚기는 첫째, 술맛을 좋게 하기 위해서이다. 술맛을 좋게 하기 위한 방법은 삼양주법 외에도 여러 가지가 있으나, 두 번에 걸쳐 덧술을 해 넣는 삼양주는 그 맛이 부드럽고 순하게 느껴져, 소위 '깊은 맛'을 더해 준다. 두 차례에 걸쳐 덧술을 하게 되면 자연적으로 알코올 도수는 높아지지만 숙성 기간이 길어져서 독한 맛이 없어진다.

둘째, 향이 깊어진다. 좋은 술이란 부드럽고 순한 맛을 주는 동시에 고유한 '방향(芳香)'을 띠게 된다. '방향'은 속성주나 단양주에서는 느낄 수 없는 것으로 이양주 이상의 술에서 나타나는데, 술의 재료인 쌀이나 찹쌀을 비롯한 누룩에 의한 향기 성분이다.

술 빚는 방법에 따라 다르긴 하지만, 특히 삼해주(三亥酒)와 같이 저온에서 장기간 발효시킨 술일수록 그윽한 방향을 띠며, 부드럽고 순한 맛이 두드러진다. 또한 삼양주에서 느끼는 방향은 인위적으로 첨가하는 그 어떤 향신료나 방향제와도 견줄 수 없는 '맛있는 향기'로서, 우리 고유의 곡주에서만 느낄 수 있는 과일 향기와 꽃 향기가 주를 이룬다.

셋째, 술의 빛깔이 맑고 밝은 황금색을 띤다. 좋은 술이란 부드럽고 순한 맛과 좋은 향기 외에 술 빛깔이 맑아야 한다. 그런 의미에서 춘주류(春酒類)는 삼양주의 대표적인 술이라 할 수 있다. 춘주란 '고급 청주로서 세 번 담근 술'이라는 뜻을 담고 있다.

삼양주를 대표할 만한 술은 삼해주를 비롯하여 두강춘(杜康春), 호산춘(壺山春), 약산춘(藥山春) 등의 춘주류를 들 수 있으며, 법주(法酒), 벽향주(碧香酒), 소곡주(小麴酒), 순향주(醇香酒) 등 30가지가 넘는 술이 『규곤시의방』, 『규합총서』, 『수운잡방』, 『음식방문』, 『임원십육지』, 『양주방』 등 여러 문헌에 수록되어 있다.

삼양주는 밑술을 죽이나 범벅, 백설기를 만들고 누룩을 섞어 빚는데, 이때 밀가루나 엿기름가루가 부재료로 사용되면 덧술은 밑술과 같은 방법으로 한다. 밑술이 죽이었을 경우 범벅이나 백설기나 고두밥을 사용한다. 범벅이었을 경우에는 범벅이나 백설기 또는 고두밥으로 하고, 백설기였을 경우 백설기나 고두밥으로 덧술을 해 넣는다.

2차 덧술의 경우는 거의 모든 술이 고두밥을 지어 덧술과 혼합하여 발효시키는데, 덧술과 2차 덧술에서 각각 물을 넣기도 하나, 덧술에서만 물을 넣고 2차 덧

삼양주류 두 번에 걸쳐 덧술을 하는 삼양주법의 술 빚기는 술맛을 부드럽고 순하게 하여 술맛의 깊이를 더해 준다.

술에서는 고두밥만을 넣는 것이 일반적이다.

그런데 삼양주법의 술 빚기에서는 두드러진 특징을 발견할 수가 있다. 삼양주법에서는 단양주나 이양주, 특히 가향주, 약용약주 등 여느 술 빚기에서와 같이 가향재나 약용약재를 사용하는 경우가 극히 드물다는 것이다. 그 까닭은 어떤 가향주나 약용약주도 삼양주법의 술에서와 같이 깊은 맛과 향을 낼 수가 없고, 오래 두고 마셔도 결코 술이 물리지가 않는 까닭에서다.

제조 시기에 따른 분류

우리는 계절 변화에 따른 명절과 세시풍속을 바탕으로 한 가양주 문화를 꽃피워 왔다. 따라서 매 계절 그때그때 산출되는 재료를 술에 이용하거나, 자연의 변화에 맞추어 술을 빚었다. 이를 절기주(節氣酒)라고 한다. 명절이나 특별한 날에서로 모여 앉아 잔치와 놀이를 즐기는 동안 친척과 이웃, 사람과 사람 사이에 정이 깊어지고 공동체를 형성케 해주는 매개물로 술을 마셨으므로, 이러한 때를 맞아 빚는 술은 계절적 변화를 담아내고 있는 것이라 할 수 있다.

겨울철의 술

계절이 바뀔 때마다 우리 조상들이 즐겨 마셨던 계절주이자 절기주는 새해가 시작되는 설날의 세주(歲酒)부터 시작된다.

세주는 설날 아침 차례를 모시기 위한 술로 그지없는 마음으로 정성을 다해 빚었다. 설날의 준비는 차례상에 올릴 세주를 빚는 일에서 시작되었을 것이다.

또한 세주는 차례상을 물리고 나서 온 가족이 각기 한 잔씩의 술을 나눠 마시는 '도소음(屠蘇飮)'을 낳았다. 맑은 청주에 관계(官桂), 오두(烏頭), 천초(川椒) 등 여러 가지 약재를 넣고 끓여 만든 도소주(屠蘇酒)를 나이 어린 사람부터 한 잔씩 차례로 마시는 풍속이다.

정월의 또 다른 절기주로는 '귀밝이술〔耳明酒〕'이 있는데, 대보름날의 오곡밥을 비롯한 부럼과 함께 대표적인 절식(節食)으로, 이 날 '찬술(청주)'을 가족 모

도소주와 매화주 겨울철에 마시는 술로, 도소주(왼쪽)는 설날 차례상을 물리고 나서 온 가족이 한 잔씩 나눠 마셨으며 매화주(오른쪽)는 엄동설한을 이기고 만개한 매화를 잘 빚어 넣어 만든 것이다.

두가 한 잔씩 마시면, 1년 내내 귓병이 없고 귀가 밝아진다'고 하였다. 옛날에는 남녀노소 할 것 없이 심심치 않게 귓병을 앓기도 했지만, 술을 마시면 귀가 밝아진다고 하는 속담에는 '정보에 밝아야 한다'는 선인들의 지혜와 슬기도 담겨 있는 것이다.

정월에 빚는 또 다른 술로 삼해주(三亥酒)가 있다. 술 이름으로 보면 겨울철의 술이란 것을 알 수 없으나, 술을 빚는 때가 '음력으로 정월 첫 해일(亥日)에 시작해서 12일 간격 또는 36일 간격으로 돌아오는 둘째 해일과 셋째 해일에 술을 빚는다'고 해서 이름 붙인 술이니 겨울철 계절주인 셈이다. 이 삼해주는 맛과 향이 깊고 좋아 춘주라고 불리울 만큼 유명세를 얻었는데, 장기 저온 발효주의 특징을 살필 수 있는 대표적인 술이다.

그런가 하면, 엄동설한의 고난을 이기고 만개한 매화(梅花)는 늦겨울의 진객이라고 일컫는다. 그 향기는 매혹적이다 못해 고고한 자태는 온몸이 파르르 떨릴 정도로 감동을 준다. 잘 빚어 빛깔이 밝고 맑은술에 매화를 동동 드리워 만든 매화주를 눈이 내리는 창 밖을 내다보면서 다정한 벗과 함께 나누는 맛이란, 만금(萬金)을 주고도 살 수 없는 멋이다.

봄철의 술

겨울이 가면 자연의 진동이 시작된다. 하늘과 가까운 나뭇가지마다에는 움이 트고, 땅속에서는 새싹의 발돋움이 온통 지구를 흔들어 놓는다. 대자연의 기운이 솟구쳐 오르는 것이다. 더불어 개나리며 진달래가 헐벗은 산야에 꽃물을 들이는데, 진달래의 연분홍 빛깔은 소녀의 홍조(紅潮)와도 같아 가슴을 설레게 한다.

특히 삼짇날(음력 3월 초사흘)이 되면, 집집마다 손에 손에 광주리 하나씩을 집어 들고 산을 오른다. 진달래를 따다 화전도 부치고 봄의 절기주인 두견주(杜鵑酒, 진달래술)도 빚는다. 찹쌀로 고두밥을 짓고 갓 따온 진달래 꽃잎을 버무려 빚는 두견주는 향기롭기 이를 데 없다.

오래지 않아 청명(淸明, 양력 4월 5, 6 일경)과 한식(寒食)이 돌아온다. 담홍색의 맑은 두견주 못지않게 찹쌀로 빚은 청명주(淸明酒)는 한식날 성묘 때의 제주(祭酒)로 더 잘 어울린다. 청명주는 봄에 빚는 대표적인 절기주이지만, 술이 익기까지 오랜 시간이 요구되는 만큼 깊은 곡주 향과 맑은 빛깔을 자랑한다.

봄의 기운이 가장 왕성한 날이 음력 5월 5일 단오(端午)이다. 5월에는 두레놀이가 성행했거니와, 문밖 출입이 자유롭지 못했던 처녀들에게 있어 어쩌면 1년 중 가장 기다려지는 날이었을지도 모른다. 단오만큼은 산이며 들로 나들이도 가고, 또래들과 어울려 널이며 그네를 뛰는 등 '자유로운 하루'가 허용되었기 때문이다.

창포(菖蒲)를 캐다 머리를 감기도 하고 뿌리를 캐어 비녀꽂이를 하는 것이 여인네들의 습속(習俗)이었다면, 잘 익은 부의주에 창포뿌리를 넣어 숙성시킨 창포주로 하루를 즐기는 풍속은, 악귀를 쫓

맨 위부터 아래로 두견주, 청명주, 이화주

는 의미 외에 아름다운 창포향에 젖어 하루나마 세상사를 잊을 수 있는 남성네들의 풍류였다.

봄철 절기주 가운데 특별하기로는 이화주(梨花酒)를 들 수 있다. 이화주는

'배꽃〔梨花〕이 필 무렵에 술을 빚는다' 하여 이름 붙인 술로 계절주의 성격을 담고 있다. 이 술은 사실 봄에 빚어 두고 여름철에 마시는 술로, 더위와 갈증을 씻기에 매우 적합한 술이다. 특히 농축 요구르트와 같은 형태를 하고 있어서 술이란 생각이 들지 않는다.

과거 일제 강점기와 밀주 단속이 심했던 시절에도 세무서원의 눈을 속였다고 할 정도로 특이한 형태를 띠며, 아주 특별한 맛과 향이 있어 부잣집에서 젖을 뗀 아이와 노인들의 간식으로 즐겨 빚었던 술이다.

여름철의 술

근래에 와서 우리네 가양주나 전통주는 온도와 습도가 높은 여름철에는 산패와 변질 등으로 인해서 술을 빚지 않는 것으로 여긴다. 그러나 우리 조상들은 오랜 경험으로 체득한 지혜를 동원하여 여름이면 여름대로 계절에 맞추고 그때그때의 절기 변화를 수용하는 술을 빚어 왔다.

여름철의 대표적인 술로 과하주(過夏酒)가 있다. 여름이 지나도 변하지 않고, 마심으로써 여름을 건강하게 날 수 있는 술이란 뜻으로 이러한 이름을 붙인 듯하다. 술을 빚어 발효시키는 과정에 알코올 도수가 높은 증류주를 넣어 후숙(後熟)

과하주와 막걸리 우리 조상들은 온도와 습도가 높은 여름철에도 오랜 경험으로 체득한 지혜를 동원하여 계절에 맞는 술을 빚어 왔다. 왼쪽은 과하주, 오른쪽은 막걸리.

시키는 방법의 이 과하주는, 실제로 상온에서도 장기 보관이 가능한 데다 더위를 이길 수 있는 여러 약재를 넣어 빚을 수 있는 술이라는 점에서 부유층을 중심으로 널리 이용되었으나 지금은 사라진 술이다.

더워지기 시작하는 6월 15일은 유둣날로 '유두음(流頭飮)'이 성행했다. 이날 마시는 절기주는 농주(農酒)로서 전국적으로 빚어 마시는 동동주와 막걸리가 대부분이었으나, 더러 단옷날 마시고 남은 창포주를 걸러 만든 막걸리를 즐기기도 하였다.

7월에는 날씨가 무더워 지치기 쉽고 일의 능률도 떨어지는 때이므로, 주인은 일꾼(머슴)들을 쉬게 하고 하루를 즐기라는 뜻에서 술잔치를 벌인다. 백중(百中, 음력 7월 15일)의 머슴놀이가 그것이다.

이날 정성껏 빚은 농주를 내오고 갖가지 안주를 만들었는데, 백중날 놀이 때의 상(賞)과 주식(酒食)은 동네에서 가장 잘 사는 집 주인이 마련하였으며, 가장 일 잘 하는 상머슴을 가리는 씨름대회를 열기도 하였다.

가을철의 술

기나긴 장마와 무더위가 한풀 꺾여 서늘해질 무렵이면, 연중 가장 풍성한 명절인 한가위가 돌아온다.

한가위에는 맨 먼저 수확한 햅쌀을 따로 저장해 두고 차례상에 올릴 술이며 떡을 빚는데, 이 햅쌀로 빚은 술을 '신도주(新稻酒)' 또는 '햅쌀술'이라고 한다. 서민들은 햅쌀 동동주를, 부잣집과 사대부 등에서는 별도로 농사를 짓고 처음 수확한 쌀로 방문주(方文酒)며 춘주를 정성껏 빚어 1년 농사의 풍요를 가져다 준 조상신과 자연신에 대한 감사의 제사를 올리고, 친척들이며 이웃과 함께 나눠 마시는 아름다운 풍속을 가꾸어 왔다.

지금도 그렇지만 만산만야(萬山萬野) 녹의홍상(綠衣紅裳)의 울긋불긋한 단풍을 보러 산에 오르는 것은 중양절(重陽節, 음력 9월 9일)의 습속이다. 특히 야산의

방문주(왼쪽)와 국화주 가을의 대표적인 절기주로서, 방문주는 그해 맨 먼저 수확한 햅쌀로 빚고 국화주는 야산의 노란 황국으로 향기를 낸다.

노란 황국(黃菊)은 향기가 좋아 완상(玩賞)의 대상이기도 하거니와 약효가 있어 가향주를 빚기에 더없이 좋다. 이 야생 감국(甘菊)을 이용한 국화주는 가을의 대표적인 절기주라고 할 수 있다.

밑술 제조 방법에 따른 분류

죽

술 빚기에서 주재료를 죽(粥)으로 하는 방법이 가장 오래된 것으로 알려지고 있는데, 이는 인류의 식사 형태와 맥(脈)을 같이한다.

중국 전설에서 "황제(皇帝)가 최초로 곡물을 삶아 죽을 만들었다"고 하는 기록과 『제민요술』, 『거가필용』 등 오래된 문헌에 죽으로 빚는 술이 주종을 이루고 있음은 결코 우연이 아니다. 기록에서 보듯 우리가 술 빚는 법을 중국으로부터 받아들였을 때, 죽으로 빚는 술을 비롯하여 백설기와 고두밥 등 세 가지 방법이 있었다는 것이 정설(定說)이고 보면, 죽으로 빚는 술은 가장 오래된 방법 중의 하나임에 틀림이 없다.

죽은 곡물을 가루로 빻은 뒤에 물을 많이 붓고 팔팔 끓여서 곡물이 완전히 호화(糊化)되게 만든 음식으로 삼해주나 소곡주, 약산춘 등 삼양주와 장기 저온 발효주에 널리 이용되는데 그 맛이 아주 부드럽고 깊다.

『주방문』,『규곤시의방』,『증보산림경제』,『임원십육지』등에 죽으로 빚는 술이 많이 수록되어 있는데, 이는 죽으로 빚는 방법이 우리나라 사람들의 기호에 맞아서 선호하였던 것으로 짐작할 수 있다.

죽으로 빚는 술의 특징은 그 빛깔이 맑고 밝으며, 무엇보다 다른 방법에 비해 수율(收率)이 높다는 점에서 경제적인 방법이라고 할 수 있다.

물송편

물송편〔水松餅〕은 삶는 떡의 한 종류로서, 1600년대에 보편화되었던 '경단병'의 일종이다. 경단병보다도 훨씬 더 무르게 빚고 둥글납작하게 만든 떡으로 구멍떡과 개떡의 중간 형태에 속한다고 볼 수 있다.

떡의 한 종류이나 전통 병과류에는 등장하지 않는다. 다만, 이화주를 비롯하여 감향주, 하향주 등 전통주의 양조 방법에 이 물송편이 처음 등장하는데, 기록으로는 1715년 문헌인『산림경제』가 처음이다. 하지만 이화주가 이미 고려시대에 빚어졌던 술이라는 사실을 감안하면 훨씬 앞선 시기에 물송편으로 빚은 술이 있었다는 것을 추측할 수 있다.

물송편으로 빚는 술은 구멍떡으로 빚는 술에 비해 술 빛깔이 더 맑고 깨끗한 것이 특징으로 오묘한 방향을 띤다.

물송편으로 빚는 술이 지금껏 등장하지 않고 있는 까닭은 일제 강점기 이후 단절된 데다, 고두밥이나 백설기 등 다른 방법에 비해 훨씬 복잡하고 까다로우며 수율이 적어 비경제적이기 때문이다.

구멍떡

구멍떡〔孔餠〕은 곡물을 가루로 내어 익반죽한 뒤 구멍을 뚫어 도너츠 형태로 빚은 떡을 가리키는데, 끓는 물에 삶아낸다. 앞서 언급한 물송편과는 익는 정도 나 형태는 다르지만 전통적인 삶는 떡의 한 종류로 오메기떡이 대표적이다.

구멍떡으로 빚는 술은 『규곤시의방』의 이화주를 비롯하여 『수운잡방』의 정 향주, 『임원십육지』의 하향주와 동정춘, 『술 빚는 법』의 백일주 등이 있다.

구멍떡으로 빚는 술의 특징은 극히 적은 양의 물이 사용된다는 것이며, 이에 따라 얻어지는 술의 양도 적다. 그러나 이들 술은 방향주로 반가(班家)와 일부 부 유층에서 반주(飯酒)와 귀한 손님 접대에 이용될 정도로 단맛과 향기가 뛰어나 며, 특히 저장성이 좋아 두고두고 마실 수 있는 것이 장점이다. 특히 재료 배합 비 율에 따라서는 사과, 포도, 복숭아 등 여러 가지 과실과 특정 꽃에서만 느낄 수 있 는 향기를 간직한다.

개떡

우리나라 전통 떡류 가운데 가장 볼품없는 것이 '개떡'이 아닐까 싶다. 하지 만 이 개떡으로 빚은 술이야말로 필자가 경험한 술 가운데 가장 맛이 좋고 향기 에서도 으뜸이라고 할 수 있다.

개떡으로 빚는 술은 『임원십육지』, 『조선무쌍신식요리제법』의 동정춘이 있 다. 매우 자극적인 자두꽃 향기를 자랑하는 술로 술의 맛이나 향기는 다분히 주 관적인 느낌이라서 단언할 수는 없겠지만 수 차례의 시음회를 가진 결과를 두고 하는 평가이니 믿어도 좋을 것이다.

개떡은 곡물을 가루로 만들어 시루에 찐 다음, 이를 다시 떡메로 쳐서 인절미 상태가 되면 재차 둥글납작하게 빚어서 시루에 찐 떡으로, 손이 많이 간다. 손이 많이 간다는 것은 그만큼 많은 공정과 정성을 요구하는 것으로서, 이러한 이유로 술맛이 좋아진다고 할 수 있다.

이러한 과정의 술 빚기가 단절되어 버린 까닭은, 그 어떤 술보다 공정이 까다롭고 무엇보다 힘이 많이 든다는 사실에 있다. 또한 간편하고 편의 위주의 생활 방식을 추구하는 현대인들로서도 특히 개떡으로 빚는 술 빚기는 여의치 못하였을 것이다. 무엇보다 노력에 비해 얻어지는 술의 양이 극히 적은 데서 그 이유를 찾을 수 있다.

인절미

밑술의 재료를 인절미〔引切餠〕 형태로 빚기 시작한 것이 언제부터인지 정확한 기록은 없지만, 대략 조선시대 중엽 이후로 생각된다. 당시의 문헌인 『증보산림경제』에는 '인절병 제법'이 수록되어 있는데, 인절미로 빚는 술인 '추모주'와 '소맥주방', 김천 지방의 '김천 과하주'와 같은 주품이 같은 시기의 문헌에 등장하기 때문이다.

인절미는 곡물을 가루 형태로 만들어 시루에 찐 설기떡이나 고두밥을 뜨거울 때 떡판에 올려 놓고 떡메나 절굿공이로 사정없이 쳐서 만든 떡인데, 쫄깃한 맛과 함께 소화가 잘 되어서 누구나 즐긴다.

이러한 이유로 인절미 제법을 응용한 술 빚기가 이루어졌을 것으로 여겨진다. 그리 흔한 방법은 아니지만 감칠맛이 뛰어나고 발효가 잘 된다는 장점이 있다. 하지만 개떡이나 구멍떡의 경우처럼 술 빚기 공정이 복잡하고 까다롭다는 점에서 외면당했던 것으로 여겨진다.

백설기

'흰무리' 또는 '설기'라고 하여 우리 민족이 가장 중요하게 여긴 떡류 가운데 하나가 백설기이다. 이 백설기를 이용한 술 빚기가 등장한 것은 지금부터 약 2,000년 전의 일로 여겨진다. 『삼국사기』 「백제본기」에 "다루왕 11년에 흉작으로 식량이 부족하여 민가의 소곡주를 전면 금지시켰다"는 기록이 나타나는데, 기록

〈술 빚는 주원료의 여러 가지 처리 방법(밑술)〉

죽

물송편

구멍떡

개떡

인절미

백설기

고두밥

범벅

의 소곡주는 백설기로 빚는 술을 일컫기 때문이다.

소곡주가 백설기를 만들어 빚는 술이라는 근거는 『주방문』을 비롯하여 『규곤시의방』, 『임원십육지』, 『양주방』, 『역주방문』 등 조선 중기 이후의 여러 문헌에 등장하고 있으며, 초기 중국으로부터 유입된 술 빚는 방법 가운데 하나라는 사실이다.

밑술을 백설기로 만들어 빚는 술의 특징은 다양한 방법으로의 전환이 가능하다는 것이며, 무엇보다 술맛에서 감칠맛이 뛰어나다는 것이다. 또 속성주류를 비롯하여 감주류, 이양주류, 삼양주류 등에 폭넓게 이용되고 있는데, 이것은 무엇보다 술의 독한 맛과 거친 맛을 해소할 수 있다는 장점 때문으로 풀이된다.

고두밥

곡물을 낟알 그대로 시루에 쪄서 익힌 것을 고두밥 또는 지에밥, 술밥이라고 하는데, 우리 전통주 가운데 이 방법이 가장 널리 이용되고 있다.

고두밥은 전통주를 빚는 방법 중 유일하게 곡물을 가루내지 않고 통째로 사용하는 방법인데, 이와 같은 술 빚기가 가장 널리 이용되는 까닭은 무엇보다 재료 처리의 간편성에 있다. 고두밥 이외의 재료 처리법은 한 단계 더 거쳐야 한다는 복잡성과 함께 일손이 많이 필요하기 때문이다.

고두밥으로 빚는 술의 특징은 여느 방법에 비해 맑고 깨끗한 술을 얻을 수 있다는 장점과 함께, 범벅으로 빚는 술을 제외하고는 가장 높은 알코올 도수의 술을 얻을 수 있다는 점이다. 또한 맛이 억세고 독하여 비교적 저장성이 높은 반면, 다른 방법에 비해 향이나 풍미가 떨어진다. 이는 단양주류를 제외한 이양주나 삼양주 등 중양주류에서 밑술을 덧술에서와 같이 고두밥으로 하는 경우가 그리 많지 않다는 사실에서도 알 수 있다.

고두밥으로 빚는 술은 『주방문』을 비롯하여 『고사십이집』, 『양주방』, 『임원십육지』, 고려대 소장 『규곤요람』, 『규곤시의방』 등에 수록되어 있다.

범벅

곡물을 가루내어 끓는 물을 부어서 이기는 방법으로 만든 것이 범벅이다. 이 범벅은 마치 '된풀' 과도 같고 '설익은 죽' 과도 같은 상태로서, 대개 고급 방향주류에서 밑술로 사용하는 예를 볼 수가 있다.

이와 같은 방법으로 밑술을 만드는 것은 이미 고려시대부터 이루어져 왔는데, 비교적 알코올 도수가 높고 강한 방향을 띠는 장점이 있다. 그러나 범벅 형태의 술 빚기가 후대에 와서 선호되지 못한 까닭은, 여느 방법에 비해 당화(糖化)가 수월치 않고, 그로 인한 잡균의 오염과 발효 시간의 지연 등에 기인한 것으로 여겨진다. 또한 보다 품질이 우수한 누룩이 필요한 데다, 여느 술 빚기와 달리 술이 끓어 넘친다거나 끓는 시간이 오래 걸린다든가 하는 이유 때문에 일손이 부족했던 일반 가정에서는 외면당했던 것으로 생각된다.

범벅 형태의 술 빚기는 『주방문』의 절주를 비롯하여 『규곤시의방』의 벽향주, 하절주, 유하주, 『양주방』의 복사꽃술, 『임원십육지』의 도화주, 『부인필지』의 두견주 등 주로 봄철과 여름철에 빚는 계절주를 볼 수 있다.

각 지역의 이름난 전통주

우리나라는 태백산맥과 낭림산맥이 남북으로 길게 뻗어 동서를 구분 짓고 있는데, 동쪽은 바다와 가까이 면(面)해 경사가 급한 반면, 서쪽은 완만한 경사와 평야로 이루어져 있어 지리적 환경의 차이가 크다. 이러한 지리적 여건에 따라 기후나 산출 식품이 달라져, 그 식품을 재료로 하고 자연환경에 맞추어 갖가지 토속성을 띤 향토음식과 술이 빚어졌다.

일반적으로 주식(主食)의 경우, 영·호남은 들이 넓고 산이 낮아 벼와 보리의 산출량이 많았으며, 북쪽 지방과 제주도는 산이 높고 평야가 적어 잡곡의 산출량이 많아 이들 식품을 주식으로 삼아 왔다. 특히 술은 주식이 되는 식품을 주재료로 하여 빚게 되므로, 각 고장마다의 특성을 잘 반영하고 있다고 하겠다.

우리 전통주는 제조 지역 또는 산지(産地)에 따라 분류하기도 하는데, 이를테면 토속주 또는 특산주라고 하는 것이다. 토속주와 특산주는 한 고장에서 그 고장의 기후나 지리적 조건 등 자연환경에 영향을 받으면서 정치·경제·문화적으로 필요에 의해 개발되고 발달하여 왔다.

따라서 다른 고장의 술과는 비교할 수 없는 독특한 특성을 지니게 마련으로, 전통성과 민족성이 가장 짙게 반영되어 있다고 할 수 있으며, 현대 사회에 이르러서는 국가나 시·도 단위의 자치단체를 중심으로 '전통주' 또는 '명인'으로 지정, 지원과 관리를 하고 있다. 또한 「주세법」에서는 전통주를 민속주로 지칭하는 한편 특별 관리하고 있다.

서울 · 경기도

서울의 특색을 찾을 수 있는 전통주와 토속주는 지역 면적이나 인구에 비해 그리 많지 않다. 다만, 서울은 궁궐이 있어 통상과 교역의 중심지였던 관계로 모든 산물이 집중되어 다양하고 화려한 음식이 만들어졌으며, 전국적으로 가장 화려하고 사치스러운 술이 발달하였다.

서울의 특색을 반영하는 토속주로 춘주류가 발달하였는데, 삼해주와 약산춘이 대표적이다. 특히 서울은 조선 왕조 500년의 도읍지였으므로, 귀족과 양반 세력이 많이 살던 곳으로서 격식과 솜씨를 중요하게 여겼으며, 화려한 멋과 맛을 존중하는 관습이 뿌리를 내렸다. 그 예로 삼양주인 삼해주를 증류한 소주 삼해주가 유행하였을 만큼 고급 명주(銘酒)와 접대문화(接對文化)가 발달하였다.

그러나 현대에 와서는 서울을 중심으로 가양주 문화가 급격히 쇠퇴하였다고 해도 과언이 아니다. 급격한 인구 증가와 외래 문물의 수입은 도시집중 현상을 불러와 전통 문화와의 단절을 촉발시켰기 때문이다. 그래서 어느 지방보다 인구가 많고 문화가 발달한 것에 비해 서울의 전통주와 토속주의 수가 극히 적을 뿐더러, 현재 무형문화재로 지정되어 있는 전통주의 상당수도 지방에서 들어온 것이다.

서울에서는 삼해주(청주), 삼해주(소주), 송절주(약주), 향온주(소주)가 서울시 무형문화재로, 문배주(소주)가 중요무형문화재로 지정되어 계승 · 보급되고 있다.

경기 지방은 지리적 · 문화적으로 고대의 도읍지였던 개성을 비롯하여 조선 왕조의 도읍지였던 서울을 중심으로 하고 있어 화려함과 사치스러움, 수수하고 소박함 등 이중성을 띠고 있는 것이 특징이다.

술은 다른 지방에 비해 비교적 수수한 편으로, 단양주와 율무나 옥수수 등 잡곡을 중심으로 한 소주와 농주가 발달해 왔다. 경기 지방은 남부 지방에 비해 산세가 험하고 북쪽으로부터 찬 기운을 쉽게 받기 때문에 봄·여름철을 제외하고 는 독한 소주를 즐겼음을 알 수 있다.

경기 지방에서는 계명주(탁주), 부의주(청주), 옥로주(소주), 남한산성소주가 각각 도 지정 무형문화재로 선정되어 있다.

서울 향온주

향온주(香醞酒)는 조선시대에 궁중의 양온서(釀醞署)에서 어의들에 의해 빚 어졌던 어주(御酒)로 알려지고 있다.

향온주가 궁중에서 빚어졌던 술이라는 근거는, 궁중의 술로 기록된 '내국법 온(內局法醞)' 이라는 술과 재료면에서나 주방문에서 완전히 일치하는 까닭이 다. '내국(內局)' 이란 궁중의 내의원을 지칭하는 것이고, '법온(法醞)' 은 궁중의 술 빚는 법식대로 빚은 술이란 뜻이니 향온주가 궁중의 술인 것은 분명하다. 이 술은 궁중에서도 귀하게 여겨 외국의 사신을 접대하거나 국가의 큰 행사에만 사 용했다고 전하는데, 이 술이 일반 사가의 가양주로 전해지게 된 배경은 다음과 같다.

조선조 19대 숙종(肅宗)의 비(妃)였던 인현왕후(仁顯王后)가 사가에 유폐(幽 閉)되어 있는 동안 궁중의 향온주가 일반에 전해진 것으로, 1대 향온주 기능보유 자(서울시 무형문화재 제9호)였던 고(故) 정해중 씨의 8대조인 덕필(德弼) 공(公) 이 인현왕후의 외조부였던 관계로, 그 비법을 전수 받아 대대로 정씨 집안의 가 양주로 맥을 이어 왔다고 한다.

현재는 정해중 씨의 제자로서 2대 향온주 기능보유자로 지정된 박현숙 씨가 현대적인 생산 시설을 갖추고 대중화를 위한 노력을 기울이고 있어, 머지 않아 일반인들도 임금이 마셨던 어주를 맛볼 수 있을 것이다.

향온주는 녹두국이라는 특수 누룩을 발효제로 하여 빚는데, 누룩은 밀과 겉보 리, 녹두를 섞어 상법으로 만들고 약쑥을 덮어 발효시킨다. 누룩에 겉보리와 녹

〈향온주 빚기〉
향온주의 밑술이 되는 석임(밑술)의 발효 모습 →
뜨거운 물에 고두밥과 석임을 혼합하는 과정 → 향
온주 기능보유자 박현숙 씨 → 소줏고리를 이용한
향온주 증류 과정

향온주 제품

두를 넣는 이유는 보리는 술맛을 부드럽게 하고 위장과 간장을 보호하며, 녹두는 제독 작용과 함께 술의 향기를 좋게 하기 때문이다.

밑술은 '대궐창(진상품의 자흑색 찹쌀)'으로 고두밥을 짓고 식혀서 누룩가루와 자작할 정도의 물을 붓고 싹싹 비빈 다음, 소독한 항아리에 안쳐 발효시킨 석임과 재차 현미찹쌀로 고두밥을 지어 밑술과 같은 방법으로 덧술을 해 넣는데, 덧술은 3~5일 간격으로 12회까지 안칠 수 있다. 이러한 방법은 향온주에서만 찾아볼 수 있는 유일한 방문으로 향온주의 가장 큰 특징이다.

술이 익으면 용수를 박아 걸러낸 술을 가마솥에 쏟아 붓고 소줏고리를 얹어 증류하는데, 그늘지고 서늘한 곳에 보관해 두고 6개월 정도 숙성시켜 마신다. 제맛이 나는 향온주는 그윽한 녹두향과 함께 부드러우면서도 특히 깨끗한 뒷맛이 일품이다.

서울 삼해주(청주)

서울 등 중부 지방의 사대부와 부유층에서 주로 빚어 마셨던 춘주, 곧 고급 약주로 삼해주(三亥酒)가 있다.

삼해주는 '음력으로 정월 첫 해일(亥日) 해시(亥時)에 술을 빚기 시작하여 12일 후나 한 달 간격의 해일 해시에 모두 세 번에 걸쳐 술을 빚는다' 하여 삼해주라는 술 이름을 얻게 되었는데, '음력 정월에 담기 시작해서 봄 버들개지가 날릴 때쯤 마신다'고 하여 '유서주(柳絮酒)'라는 낭만적인 이름으로 불리기도 했다.

삼해주(청주) 제품

삼해주는 서울의 동막(마포 공덕동) 근처가 물맛이 좋아 명산지로 알려져 왔는데, 이미 고려시대부터 빚어지기 시작하여 조선시대에 전성기를 누렸던 것으로 알려지고 있다.

삼해주에 대한 기록은 『양주방』을 비롯하여 『규곤

〈삼해주(청주) 빚기〉
멥쌀가루에 끓는 물로 익반죽하는 과정 → 익반죽한 것에 누룩을 넣고 있는 삼해주 기능보유자 권희자 씨 → 발효가 끝
난 삼해주 밑술 → 덧술을 하기 위해 밑술을 합하는 과정

시의방』,『동국이상국집』,『요록(要錄)』,『산림경제』,『주방문』,『조선상식(朝鮮常識)』 등 여러 문헌에서 쉽게 찾아볼 수 있는데, 그 방법은 집안마다 지방마다 달랐던 것으로 보인다.

삼해주는 권희자(58세) 씨가 그 기능을 보유하고 있는데, 소주 삼해주와 함께 서울시 무형문화재 제8호로 지정되어 있다.

권희자 씨가 빚는 삼해주의 제조 방법을 요약하면 다음과 같다. 밑술은 멥쌀을 잘 씻어 불린 뒤, 가루를 만들어 끓는 물로 익반죽하여 백곡(白麴, 흰 누룩)을 넣고 고루 혼합하여 밑술을 만들고, 36일간 익힌다. 이어 잘 씻어 불린 멥쌀을 다시 가루내서 밀가루와 섞고 끓는 물로 반죽을 하는데, 쌀가루의 절반을 익히고 절반을 설익혀서 밑술과 합하여 덧술을 안친다. 3월 첫 해일에 멥쌀로 고두밥을 짓고 물을 끓여 차게 식혀서 물과 합하고 고루 버무려 술밑을 만든 뒤, 먼저 담아 덧술과 켜켜로 술독에 안친다.

술독은 예의 방법대로 밀봉하여 서늘한 곳에서 20여 일 발효 숙성시키는데, 다 익은 술을 전대(술자루)에 담아서 다듬잇돌 같은 무거운 것으로 압착하여 짜낸 다음 정치(精緻)시켜 상층 부분의 맑은술을 떠내는데 이를 삼해주라고 한다.

삼해주는 조선시대의 대표적인 방향주로 장안(長安)의 주가(酒價)를 높였던 술인데, 이러한 사실을 반영하듯 상쾌함과 담백한 맛, 은은한 향취로서 청주의 진수를 느끼기에 충분하다.

서울 삼해주(소주)

삼해주는 고려시대부터 빚어진 명주로 여러 가지 방법이 전해오는데, 조선조 중엽 이후에는 소주의 술덧으로 쓰이는 예가 많아지면서 소주의 대명사가 되기도 했다.

현재 삼해주(소주)의 기능보유자는 이동복 씨로, 17세 되던 해 충남 보령군 남포에 사는 고 김영옥 씨에게 출가하여 시가(媤家) 가양주였던 삼해주 빚는 법을

삼해주(소주) 제품

삼해주(소주) 기능보유자 이동복 씨와 삼해주 제조에 쓰이는 누룩 → 숙성중인 삼해주 술덧 → 소줏고리로 삼해주를 증류하는 모습

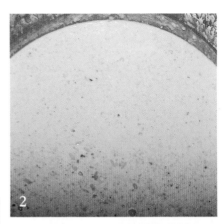

배우게 되었다고 한다. 삼해주(소주)는 이동복 씨가 44세 되던 해 남편을 좇아 상경하게 됨에 따라 서울시 무형문화재 제8호로 지정되었다.

소주 삼해주를 빚는 법은 다음과 같다. 멥쌀 1말을 가루내어 백설기를 만들고, 차게 식혀 누룩과 탕수를 섞어 술독에 안치고 발효에 들어간다. 하루 지나면 단맛이 나는데, 겨울에는 상온에서 12일 정도면 술이 익는다. 이어 덧술을 담그는데, 멥쌀로 고두밥을 지어 차게 식으면 누룩가루, 탕수를 밑술과 함께 섞고 새 술독에 안쳐서 36일간 발효시킨 다음, 발효가 끝난 술덧을 용수나 체, 술자루를 이용하여 걸러서 막걸리를 만든다. 2차 덧술은 찹쌀로 고두밥을 짓고 차게 식으면 탕수를 함께 섞어 역시 새 술독에 안쳐서 발효시킨다. 2차 덧술 역시 잘 봉하여 1개월 이상 발효, 숙성시키면 청주 삼해주가 된다.

완성된 삼해주는 소줏고리를 이용하여 증류하는데, 술덧을 체로 걸러서 막걸리를 만들어 소주를 내린 다음, 오랜 기간 숙성시켜 마신다.

이러한 삼해주는 1년 두어도 변질이 없어, 옛날에는 부잣집이나 양반 계층의 전유물이었다. 세 번에 걸쳐 빚는 만큼 쌀 소비량에 비해 얻어지는 술의 양이 적다. 그래서 금주령(禁酒令)이 내려지곤 했다. 식량이 절대 부족한데 삼해주 술도가로 쌀이 다 들어간다는 것이 그 이유였으니, 삼해주의 술맛을 더 말하여 무엇하랴 싶다.

서울 문배주

우리나라 전통주 가운데 국가 지정 중요무형문화재가 있다. 충남 당진의 면천 두견주, 경북 경주의 교동법주와 함께 소위 '국주(國酒)'로 지칭되는 서울 문배주가 그것으로, 알코올 도수 40도의 증류식 소주이다. 어떤 고서나 음식 관련 옛 문헌에서도 이 문배주란 술 이름을 찾을 수 없는데, 이는 문배주가 바로 가양주임을 반증하는 사례라고 하겠다.

평양에서 양조장을 경영하던 가업을 이어받은 고 이경찬 옹이 월남하여 서울

문배주 제품

〈문배주 빚기〉
메조로 만든 고두밥을 식히는 과정 → 고두밥에 누룩을 섞는 모습 → 고두밥에 누룩을 섞은 술밑을 독에 안치는 문배주 기능보유자 이기춘 씨 → 문배주 증류 과정

에 뿌리를 내리면서, 고집스럽게 문배주 비법을 지켜오던 중 1986년 중요무형문화재 제86호로 지정되었다.

문배란 맛이 뛰어난 우리나라 재래종 돌배로 자두만 하다. 이 문배주에서 '문배의 맛과 향내가 난다' 해서 얻은 술 이름이다. 맛이 깔끔하고 뒤끝이 깨끗해 양반 계층에서 애용했던 고급 술로, 원래 대동강 맑은 물로 만들어진 평양 지방의 술로 알려지고 있다.

문배주 빚는 법을 보면, 삼양주법의 증류식 소주라는 것을 알 수 있다. 먼저 밑술을 빚는데, 깨끗이 씻어 불린 메조로 고두밥을 짓고 차게 식힌 다음, 누룩물을 섞어서 독에 안쳐 5일 동안 발효시킨다. 이어 물에 깨끗하게 씻어 불린 찰수수로 고두밥을 짓고 고루 펼쳐서 차게 식힌 뒤, 밑술에 넣고 고루 저어 술밑을 빚는다. 다음날 같은 재료로 같은 양의 고두밥을 지어 식혔다가 덧술과 섞어 2차 덧술을 만든다. 이 2차 덧술을 깨끗한 술항아리에 담아 10여 일 정도 발효시켜 청주 문배주를 얻는다.

가마솥에 발효가 끝난 청주 문배주의 술덧을 쏟아 붓고, 소줏고리를 얹어 장작으로 약하게 불을 피워 서서히 증류시키면, 소주 문배주를 얻게 된다. 증류를 끝낸 문배주는 술독에 담아 어두운 곳에서 6~12개월 가량 숙성시켜야 제 맛이 난다.

제조 과정이 길고 복잡한 만큼 그 맛이 뛰어나 국주로 사랑받고 있으며, 고르바초프가 방한했을 때 정상회담에서 건배주로 사용되면서 더욱 명성을 얻었다. 현재 문배주는 이경찬 씨의 장남 이기춘 씨에 의해 2대째 전통의 맥을 이어 가고 있다.

서울 송절주

서울의 전통주인 송절주는 전의(全義) 이씨(李氏) 집안의 가양주인데, 대대로 며느리들에 의해 계승되어 왔다.

〈송절주 빚기〉
송절주의 주원료가 되는 소나무 가지를 다듬
는 과정 → 멥쌀가루에 물 내리기 → 숙성이
끝난 송절주 → 송절주 기능보유자 이성자 씨

조선조 중엽, 선조 때의 충경공(忠景公) 이정난(李廷鸞) 장군의 14대손 필승(弼承) 씨의 처 허성산(許城山, 1892~1967년) 부인을 통해, 그의 며느리 박아지 씨에게 전수되었고, 다시 박아지 씨에 의해 며느리인 이성자 씨가 그 기능을 이어받아 1989년 서울시 무형문화재 제2호로 지정되었다.

송절주는 예로부터 술 빚는 시기를 '매달 십이지 중 첫 돼지날〔亥日〕이 좋다'는 속설과 함께 3월과 11월이 적기라고 전해지고 있다.

먼저 밑술을 만드는데, 멥쌀을 빻아 만든 쌀가루로 백설기를 찐 다음, 차게 식혀서 송절(松節, 소나무의 마디)과 당귀(當歸), 희첨(豨簽), 속단 등 한약재를 함께 끓여낸 약물과 섞어 죽 상태로 만든 뒤, 항아리에 넣고 7일간 발효시킨다. 그리고 덧술은 멥쌀과 찹쌀을 반반씩 섞어 고두밥을 짓는데, 이때 송절 삶은 물을 첨가한다. 이어 하룻밤 재워 만든 물누룩을 고두밥과 함께 발효가 끝난 밑술에 넣고 고루 섞어 준다. 술독 안에 솔잎을 깔고 그 위에 술덧을 안친 다음 다시 솔잎을 덮어 준다. 가을에는 국화, 겨울에는 유자껍질, 봄에는 진달래꽃을 넣기도 하며, 송절 달일 때에 생지황을 넣어 약효를 얻기도 한다. 술을 안친 독은 밀봉하여 25일 가량 발효시켜 송절주를 얻는다.

송절주는『임원십육지』와『규합총서』등에 소개되고 있는 것으로 미루어, 조선조 중엽부터 빚어졌던 술임을 알 수 있으나, 정확한 시기와 장소에 대해 언급한 기록은 없다.

송절주는 은은한 솔 향기와 함께 쌉쌀하면서도 시원한 맛, 알코올 함량 17%로 그리 독하지 않아 취하도록 마셔도 전혀 뒤끝이 없다. 또한 원료로 쓰인 당귀, 속단, 희첨, 송절 등의 약효 성분이 잘 어우러져 신경통, 관절염을 비롯해 치담(治痰), 치풍(治風)에 효능이 뛰어난 것으로 알려져 있다.

이러한 송절주는 최근 한국문화재보호재단을 판매원으로 하여, 증류식 소주 '한주'로 개발되어 애주가들 사이에 좋은 반응을 얻고 있다.

남한산성소주

남한산성소주(南漢山城燒酒)는 1994년 경기도 무형문화재 제13호로 지정되었으며 강석필 씨가 기능보유자이다.

남한산성소주의 유래는 『세종실록』「지리지」의 기록을 근거로, 조선조 제14대 선조 때부터 빚어졌던 것으로 전한다. 당시 전쟁에 대비해 남한산성을 축조하면서 임금의 피난처로 행궁(行宮)과 유수도(留守都)가 마련되었으며, 천여 호가 소도시를 이루어 '작은 서울'이라고 불리울 만큼 번창했다. 행궁과 유수도가 마련된 만큼 부자들이 많아 궁중음식을 본뜬 독특한 음식들이 타지방으로 퍼져 나갔으며, 특히 부잣집에서 빚어 마셨던 산성약주(山城藥酒)와 서민들의 막걸리는 산성의 동문 밖 불광리까지 술 향기가 퍼질 정도로 성행하였다.

남한산성소주는 제주 성읍마을의 오메기술, 청주 상당산성의 대추술, 담양 금성산성의 추성주(제세팔선주), 부산 금정산성의 토산주(산성막걸리) 등과 함께 산성을 중심으로 발달해 온 몇 안 되는 전통주 가운데 하나이다.

산성소주는 이양법의 순곡 증류주로서 술 빚는 방법이 매우 독특하다. 술을 빚을 때 밀가루를 제거한 밀기울에 엿물과 탕수를 섞어 정형한 후, 발효시킨 누룩을 발효제로 사용하는 한편, 멥쌀로 지은 고두밥과 엿길금물을 섞어 당화시킨

남한산성소주 제품

〈남한산성소주 빚기〉

멥쌀 고두밥을 식히는 과정 → 고두밥에 누룩, 물을 넣어 밑술을 빚는다. → 술독에 술밑을 안친다. 유일하게 술밑에 조청이 사용된다. → 남한산성 소주를 빚고 있는 기능보유자 강석필 씨

당화액을 하루 동안 고아 만든 엿물에 다시 멥쌀 고두밥과 누룩, 양조용수로 밑술을 빚는다. 밑술이 익으면 다시 멥쌀 고두밥에 엿물을 섞은 양조용수와 밑술을 한데 버무려 술덧을 빚고, 예의 방법대로 발효시킨다. 이렇게 빚은 술은 청주나 막걸리로 걸러 마시기도 하지만, 소줏고리로 증류하여 소주를 빚기도 한다.

남한산성소주는 주정도 40%에도 불구하고, 담백하면서도 부드러운 맛과 곡주 특유의 그윽한 향취를 자랑한다. 이렇듯 다른 양조법에서는 찾아볼 수 없는, 유일하게 재래식 엿물을 누룩과 술밑에 사용하는 것이 특징으로, 현재 본거지인 남한산성을 중심으로 경기도 일대의 새로운 관광상품으로 주가를 높이고 있다.

당정 옥로주

경기도 군포시의 당정 옥로주는 유민자 씨가 그 기능을 보유하고 있는데, 경기도 지정 무형문화재 제12호이면서 농림부 지정 전통식품 부문 명인 제10호이다.

당정 옥로주는 토종 율무와 멥쌀을 주원료로 하여 빚은 율무술을 증류한 증류식 소주로서, 술을 증류할 때 기화한 알코올이 냉각되어 소줏고리에서 떨어지는 모습이 마치 '옥구슬처럼 방울방울 떨어지는 것 같다'고 해서 옥로주라는 이름이 붙게 되었다고 한다.

옥로주는 조선조 순조 때 궁중에 진상되면서 그 명성을 떨친 것으로 알려지고 있다. 화개장터에서 더욱 유명세를 얻었으나, 1910년 이후 일제의 주세정책으로 민간 제조와 유통이 금지되어, 유민자 씨의 조부 유행룡(1852~1932년) 씨에 의해 가양주로만 빚어 왔다고 한다.

해방이 되자, 유행룡의 대를 이은 유양기(1911~1994년) 씨가 경남 하동에서 옥천양조장을 설립하였고, 옥로주는 옛 명성 그대로 대중주로서 자리를 잡았다고 한다. 하지만 다시 정부의 양곡관리법에 의해 쌀술 제조가 폐지되면서 유양기 씨는 경기도 군포로 이주하게 되었는데, 이후 정부의 전통주 개발정책에 힘입어 빛을 보게 되었다.

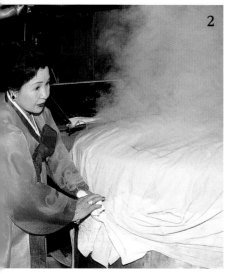

〈옥로주 빚기〉
율무 누룩의 냄새를 맡아 보고 있는 모습. 당정 옥로주 기능보유자 유민자 씨 → 고두밥에 30%의 율무를 섞어 찐다. → 발효중인 술덧

옥로주 제품

옥로주의 제조 방법은 다음과 같다. 율무를 섞어 만든 누룩과 멥쌀 고두밥에 현재 유천양조장이 위치한 박곡리 지하수를 용수로 하여 6~7일간 발효시켜 밑술을 만든다. 다시 똑같은 방법으로 덧술을 하는데, 이때 고두밥에 30%의 율무를 섞어 찐다. 덧술은 율무 고두밥과 밑술을 섞어 빚고 12일 가량 발효시킨 후 소주로 증류하는데, 독특한 향기와 함께 부드러운 맛으로 숙취가 전혀 없다.

양조 과정에서 보듯이, 율무가 들어간 옥로주는 종양 증식 억제 및 피부 미용 효과 등의 약리작용과 함께 체증 및 가슴앓이, 토사곽란 등에 뛰어난 효과가 있는 술로 알려지고 있다.

화성 부의주

우리가 익히 알고 있는 전통주 가운데 동동주가 있다. '쌀알이 동동 떴다' 해서 붙여진 이름이지만, 본래 이름은 '개미[蟻]가 떠 있다'는 뜻의 부의주(浮蟻酒)이다.

부의주는 지금 유행하고 있는 탁주와 청주의 중간 형태의 술이 아닌 청주로

〈부의주 빚기〉

숙성중인 부의주 → 용수를 이용하여 술을 거르고 있다. → 부의주는 술 위에 개미 유충 같은 쌀알이 떠
있다 하여 그 이름을 얻었다. 부의주 기능보유자 권오수 옹.

『산림경제』를 비롯하여 『임원십육지』, 『고사촬요』, 『양주방』 등
여러 문헌에도 기록되어 있는데, 이미 고려시대부터 빚어져 대중
주로 자리잡은 것으로 알려지고 있다.

경기도 무형문화재 제2호로 지정된 부의주는 권오수 옹이
기능보유자로서, 권 옹은 3대째 정승을 지낸 안동 권문의 장손
으로 태어나 어려서부터 할머니의 등에 업혀 술광을 드나들며,
술맛이며 술독 관리하는 법을 배우게 된 것이 오늘에 이르렀다
고 한다.

부의주 제품

특히 선친이 안동에서 운영하던 양조장을 이어받아 술을 빚
어 왔으나, 일제 강점기를 맞으면서 징용을 피해 만주를 떠돌았
다. 해방 후에는 양조기술연구소를 세워 전국의 양조장을 대상으로 양조기술을
보급해 왔다고 한다.

그가 1970년대 들어 뿌리를 내린 곳이 용인의 '한국민속촌'으로, 그곳의 양조
장에서 20년 넘게 부의주를 빚어 오다 1996년 화성에 자신의 양조장을 설립하여
아들이자, 후보자인 권기훈 씨와 함께 부의주를 생산 보급하고 있다.

부의주는 단양주로, 술을 빚어 두면 발효를 시작한 지 20일 정도 되어 술 표면
에 쌀알이 떠오르는데, 그 모습이 막 알에서 깨어난 개미 유충과 모양이 비슷하
다고 한다. 찹쌀로 고두밥을 만들어 물반죽한 누룩과 섞어 항아리에 담아 안치고
한 달 정도 익히면 약간 붉은 빛깔이 도는, 여느 전통주에 비해 시원한 맛이 나는
술이 된다.

이러한 부의주 제조 과정은 모든 술의 기본으로, 덧술을 할 수도 있고 약재를
가미해 약주를 만들기도 하며, 술지게미를 가지고 막걸리를 만들 수도 있고, 아
울러 증류 과정을 거쳐 소주를 만들 수도 있다는 점에서 매우 중요한 술로 간주
된다.

남양주 계명주

전하는 말로 '여름철 황혼녘에 술을 빚어 다음날 새벽닭이 울면 마신다' 고 하여 이름을 얻게 된 술이 계명주(鷄鳴酒)이다. 계명주는 평안남도 강동군 삼등면 송가리에 살던 결성 장씨(기항) 가문의 비주(秘酒)로 전해 오던 술인데, 1987년 경기도 무형문화재 제1호로 지정되었다.

계명주 기능보유자는 최옥근 씨로, 1·4후퇴 때 월남하여 현재의 남양주시에 터를 닦게 된 결성 장씨 가문에 시집 와 시어머니 박채형 씨로부터 계명주 제조 법을 배우게 되었는데, 고인이 된 한양대 이성우 교수에 의해 고려시대 이전부터 평남 지방에서 빚어졌던 이당주(飴糖酒) 곧 엿탁주로서, 그 원류가 중국 문헌인 『제민요술』에 수록된 하계명주에서 유래된 술이라는 사실이 밝혀지면서 그 가 치를 인정받았다.

계명주는 『제민요술』에 기록된 하계명주와 원료 및 제조 기법이 일치할 뿐아

계명주 재료 위 왼쪽부터 시계 방향으로 수수, 솔잎과 옥수수, 조청, 누룩, 엿기름이다.

니라『거가필용』,『고려도경』,『동의보감』등에도 그 기록이 남아 있다.

이러한 연유로 계명주는 역사와 풍류를 간직한 고구려인들의 잔칫술로 불려지고 있으며, 고구려인들의 잔칫술답게 잡곡인 옥수수와 수수를 주재료로 죽을 쑤고, 조청에 불린 누룩과 솔잎을 섞어 빚는데, 여름철의 잔칫술이라는 특징에서 알 수 있듯 단양 속성주로 분류할 수 있다.

하지만 계명주라는 술 이름과는 달리 술의 발효에 있어서는 7~10일이 소요된다. 계명주의 특징은 조청이 들어가 입 안에 단맛이 감돌고 술맛이 부드럽다는 것이다.

탁주로 분류되어 있으나 알코올 도수 11도의 솔잎 향기가 아련히 감도는 독특한 약주 맛을 지니고 있으며, 일반 탁주와 달리 많이 마셔도 트림이나 숙취가 없다.

발효중인 술독의 온도를 재고 있다.(위)
계명주 기능보유자 최옥근 씨(가운데)
계명주 제품(아래)

충청도

충청도 지방은 지리적으로 바다를 끼고 있는 남부 지역과 산으로 둘러싸인 북부 지역의 지리 환경적 특성이 잘 나타나고 있다.

서해에 면해 있는 남부 지역은 백마강 유역과 예당 평야를 중심으로 농업이 발달하였고, 바다에서는 풍부한 해산물을 얻을 수 있으므로 풍부한 식생활을 영위할 수 있었다. 산으로 둘러싸인 북부 지역에서는 주변 산에서 산출되는 풍부한 산채와 골짜기마다의 내수면에서 잡아 온 민물고기가 풍부하여 음식의 양이 많고 순한 맛이 특징이다. 이러한 환경을 배경으로 다양한 술이 발달해 왔는데, 특히 남부 지역에서는 찹쌀을 주재료로 한 미주(美酒)가 많고, 술 빚는 법이 비교적 순박하여 소박하면서도 감칠맛이 뛰어나다는 특징을 띤다.

충청도 지방은 여느 지방에 비해 전통주가 많은 것으로 유명한데, 이는 '충청도 양반' 이란 속담이 암시해 주듯, 전통을 수호하려는 보수적 사고와 충청도인들의 느긋하면서도 여유로운 성품을 반영하는 것이라고 하겠다.

이 지방의 전통주이자 토속주로서 아산 연엽주, 청원 신선주, 한산 소곡주, 금산 인삼주, 계룡 백일주, 중원 청명주, 대전 송순주, 보은 송로주, 가야곡 왕주가 시·도 지정 무형문화재와 농림부 지정 전통식품 부분 명인으로 지정되어 계승·보급되고 있다.

면천 두견주

여느 전통주에 비해 가장 널리 알려진 술이 진달래술이 아닐까 싶다. 아마도 지역과 빈부(貧富), 신분의 상하(上下)를 막론하고 전국적으로 빚어 마셨던 술이었지 싶다. 연홍색 술 빛깔과 은은한 진달래 향취가 우리네 마음을 사로잡기 때문이 아닐까 싶은 것이다.

진달래술은 두견주(杜鵑酒)라고도 부르는데, 가양주 금지 정책이 발표된 이

두견주(오른쪽)의 원료가 되는 진달래꽃

후 자취기 시작하여, 지금은 충
남 당진의 면천 지방에서 생산되는 두
견주가 예의 맥을 잇고 있는 대표적인
전통주이다. 이 지방의 독특한 샘물을
사용하여 두견주를 빚어 온 박승규(2002년 작고) 씨가 1986년에 국가로부터 중요
무형문화재(제86호)로 지정되었는데, 박승규 씨의 급작스런 사망으로 맥이 끊길
위험에 처해 있어, 뜻있는 사람들의 애간장을 태우고 있다.

고 박승규 씨 집안의 가양주로 빚어 온 두견주에는 오래된 설화가 전해져 온

두견주의 양조용수인 안샘(위)
숙성중인 두견주를 살피는 고 박승규 씨(아래)

다. 고려 개국공신 복지겸이 병이 들었으나 백약이 무효여서, 그 딸이 아미산에 올라 백일기도를 드렸더니 꿈속에 신선이 나타나, '아미산 진달래와 안샘의 물, 찹쌀로 술을 빚어 백일 뒤에 마시면 병이 낫는다'고 해서 그 비방대로 술을 빚어 복용했더니 병이 깨끗이 나았다는 것이다.

전해 오는 설화처럼 안샘의 물이 아니면 제 맛과 향이 나지 않아, 지금도 안샘의 물로 빚는다고 한다. 이러한 두견주는 알코올 도수 19%의 가향주이자 절기주로서, 아무리 많이 마셔도 뒤끝이 깨끗하고 상쾌한 맛을 준다.

면천 두견주는 술 빚는 법에 있어 일반 청주 빚는 법과 거의 같으나, 두 번에 걸쳐 찹쌀을 사용하고 덧술을 할 때 진달래꽃을 켜켜로 넣는 것이 특징이다. 진달래꽃은 4월 초순부터 중순까지 야산에 활짝 핀 것을 채취해 꽃술을 떼고 그늘에서 말려 저장해 두고 쓰는데, 신경통과 류머티즘에 효능이 있다고 한다.

어느 술에 비해 덧술의 발효 기간이 50일로 매우 긴 편인데, 이어 침전과 여과 과정을 거친 후 재차 30일간의 숙성을 마친 후에야 그 맛을 드러낸다. 극히 적은 양의 양조용수를 써서 술이 진하고 부드러운 맛을 준다.

한산 소곡주

충남 한산 지방의 명물 한산 소곡주(素麴酒)는 '술맛이 부드럽고 순해서 한 잔 마시고 또 한 잔 마시다가, 어느 사이 술에 취해 일어나지 못하고 앉은뱅이가 되고 만다'고 해서 '앉은뱅이술'이라는 별명을 얻었다.

한산 소곡주의 유래는 정확히 알려진 것이 없으나, '한양으로 과거를 보러 가던 선비가 이곳 한산에 들러 하룻밤 묵고 가게 되었는데, 소곡주를 맛보고는 그 맛에 반해 과거 볼 시간을 놓치고 그냥 돌아갔다'고 하고, '도둑이 남의 집에 들러 술을 퍼 마시고는 취해서 주저앉아 붙잡히고 말았다'등의 이야기가 전해 온다.

한편, 『양주방』을 비롯하여 『산림경제』, 『동국세시기』, 『규합총서』, 『사시찬요초』, 『규곤시의방』, 『술 만드는 법』, 『시의전서』, 『임원십육지』등 여러 음식 관

〈소곡주 빚기〉

발효중인 한산 소곡주의 술덧 → 술이 잘 익도록 도봉을 하고 있다. → 저온 숙성으로 맛과 향기를 얻기
위해 술독을 땅에 묻어 둔다. 용수를 박고 있는 한산 소곡주 기능보유자 우희열 씨

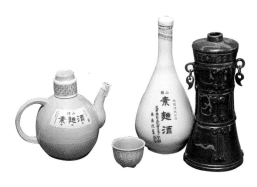

소곡주 제품

런 문헌에 소곡주를 수록하고 있음은, 바로 소곡주의 명성과 맛을 반영하는 사례라고 여겨지는데, 한 가지 궁금한 것은 문헌상의 술 이름이 '素麴酒'가 아니라 '小麴酒'라는 사실이다.

어쨌든 소곡주는 백제 때부터 빚어져 온 술로 전해 오고 있다. 나당연합군에 의해 사비성이 포위되자 항복을 한 의자왕이 당나라로 끌려가서 술로 울적함을 달랬는데 그 술맛이 소곡주와 같았다는 『박씨전』의 내용을 근거로, 국내에서는 가장 오래된 전통주로 인식되고 있다.

소곡주는 고 김영신 씨에 의해 맥을 이어 와 충청남도 무형문화재 제3호로 지정되었으며 지금은 그의 며느리 우희열 씨가 계승, 보급하고 있다. 지극한 정성과 손맛, 이 지역 건지산의 깨끗한 우물물이 조화된 맛을 으뜸으로 치는데, 노르스름한 듯 맑고 깨끗한 술 빛깔과 은은한 향기, 혀끝에 감치는 맛이 특징이다.

소곡주의 주원료는 찹쌀과 멥쌀, 건지산의 우물물을 용수로 하고 법제(法製)를 많이 한 누룩으로 두 번 빚는데, 메주콩과 엿기름, 들국화와 생강, 고추가 부재료로 들어간다. 그 방법을 보면, 멥쌀가루로 만든 백설기에 누룩물을 섞어 밑술을 빚고 7일 뒤에 찹쌀로 고두밥을 지어 누룩과 엿기름, 메주콩, 들국화, 홍고추, 생강을 밑술과 섞어 덧술을 빚고 항아리에 안쳐 100일 동안 땅속에 묻어 발효, 숙성시키면 향긋한 소곡주를 얻게 된다.

아산 연엽주

예로부터 '남성의 양기(陽氣)를 보(補)하고 혈관을 넓혀 혈행(血行) 개선과 함께 피를 맑게 해준다'고 하여 약용약주로 알려져 오는데, 아산 지방에서는 '명약주(名藥酒)'로 더 이름이 높다는 것이 아산 연엽주(蓮葉酒)에 대한 세인들의 평가이다.

연엽주는 아산군 송악면 외암리가 그 산지(産地)로, 지금은 '외암리 민속마을의 최참판댁'으로 더 잘 알려져 있다. 연엽주는 이 지방의 예안 이씨 가문의 종부(宗婦)에게만 그 비법이 전수되어 온 궁중의 술로 알려지고 있으며, 지금은 5대 종손 이득선 씨의 처 최황규(충청남도 무형문화재 제11호) 씨에 의해 그 맥이 계승, 보존되고 있다.

아산 연엽주의 유래는 조선조 후기로, 과거 극심한 가뭄이 들면 쌀 소비가 많은 술을 못 빚게 하고자 금주령이 내려졌는데, 임금께서 술을 못 드시게 된 것을 안타깝게 여긴 신하들이 차(茶)보다는 도수가 높고, 여느 술보다는 도수가 낮은 약주인 연엽주를 빚어 드시게 했다 한다. 비서승감(秘書丞鑑)을 지낸 예안 이씨 5대조가 당시 연엽주의 양조(釀造)에 관여하였던바, 그 제조법이 사가에 전해져서 이후 가문의 가양주로 이어지게 된 것이다.

연엽주는 단양주로 덧술을 하지 않는다. 그 방문을 보면, 먼저 멥쌀과 찹쌀을 섞어 물에 깨끗이 씻어 불렸다가 시루에 안친 다음, 아궁이에 불을 지펴 고두밥을 짓고 익으면 퍼내서 꾸들꾸들해질 때까지 식힌다. 이어서 잘게 부순 누룩과 솔잎, 감초, 물을 섞어 술밑을 빚는다. 술 버무리기가 끝나면 술독에 먼저 연잎을 깔고 그 위에 술밑과 연잎을 한 켜씩 켜켜이 안친 뒤, 안방 아랫목에서 보름 정도 익히면 완성된다.

연엽주는 '대취(大醉)하도록 마셔도 소피 한 번만 보고 나면 술이 다 깰 정도로 뒤끝이 개운하다'는 평(評)을 얻고 있는데, 이는 '술을 빚는 이의 손맛과 지극한 정성이 들어가야 고유한 술맛이 살아난다'고 믿고 있는 이득선 씨의 고집 때

연엽주의 여러 재료와 주병(위)
연엽주를 빚고 있는 기능보유자 최황규 씨(아래 왼쪽)
술독에 연잎을 안친 모습(아래 오른쪽)

문으로, 그의 부인 최황규 씨는 아직도 손이 많이 가는 옛 양조 방식을 고수하고 있다.

계룡 백일주

'100일 동안 술을 익힌다' 고 해서 이름 붙여진 계룡 백일주(百日酒)는 공주시에 사는 지복남 씨가 기능보유자이며, 충청남도 무형문화재 제7호로 지정되어 있다.

지복남 씨는 공주 지방의 연안 이씨 집안에 시집온 이후 50년이 넘게 백일주를 빚어 오고 있는데, 시댁의 14대조 이귀 공(公)이 인조반정의 공신으로서 인조로부터 어주를 하사(下賜)받고 이에 백일주를 빚어 진상하게 되었으며, 진상주(進上酒)를 귀히 여겨 이후 연안 이씨 가문의 가양주로 빚어 문중의 제사와 명절 때 사용해 왔다고 한다.

계룡 백일주는 이후, 공산성(公山城) 누각(樓閣)에 올라 금강을 바라보며 시회(詩會)를 갖고 풍류를 즐기는 등 신선놀음을 하던 선비들 사이에서 애음되었다 하여, 별칭 '신선주(神仙酒)' 로도 불렸다고 전한다.

계룡 백일주는 누룩을 조금 사용하고 순 찹쌀로만 빚는 것이 특징인데, 술의 향기를 높이기 위해 국화와 오미자, 솔잎, 진달래꽃 등이 부재료로 사용된다. 밑술은 찹쌀로 죽을 쑤어 차게 식힌 뒤, 흰 밀가루로 만든 누룩을 콩알 크기로 부숴 넣고 한 달 정도 익힌다.

밑술이 다 익으면 찹쌀로 고두밥을 지어 차게 식히고 물, 누룩, 황국, 진달래꽃, 오미자 등을 함께 밑술에 섞고 술독에 안친 다음, 저온을 유지하면서 70일을 발효시키면 맑고 깨끗한 노란색에 향긋한 진달래와 그윽한 국화 향기가 흠씬 풍기는 계룡 백일주를 얻게 된다.

계룡 백일주는 고급 재료를 사용해 오랜 기간 익힌 까닭에 순후한 맛을 주는데다 부재료로 황국, 진달래꽃, 오미자 등을 사용하여 자양강장 효과와 함께 요

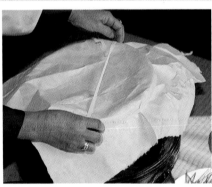

밑술에 각종 약재를 혼합하고 있는 기능보유자 지복남 씨(위) 재료는 오른쪽 위부터 시계 방향으로 진달래
꽃, 솔잎, 오미자, 찹쌀, 홍화, 감국(황국), 누룩가루이다.

계룡 백일주는 술독을 한지로 밀봉하여 발효시킨다.(아래 왼쪽)

계룡 백일주 제품(아래 오른쪽)

통을 다스리며 피를 맑게 해주는 약효까지 얻을 수 있어, 약주로서 손색이 없다.

특히 밑술의 발효 기간 30일과 덧술이 익기까지의 70일을 합하면 꼭 100일이 걸린다 하여 술 이름을 얻게 된 계룡 백일주의 맛은 '가히 일품이다' 는 말이 아깝지 않다는 생각이 절로 든다.

중원 청명주

중원 지방의 청명주(淸明酒)는 은근하게 취하는 술이다. 전하는 말로 한양으로 가던 경상도 선비들이 이곳에 이르러 청명주를 마시고 가노라면, 문경새재 산마루에 다다라서야 술이 깼다고 할 정도로 오래도록 그 진미를 즐길 수 있는 술이다. 그래서인지 청명주는 오히려 서울 사람들과 경상도 사람들에게 널리 알려졌으며, 지금도 청명일을 상기시켜 주는 계절주로 유명하다.

청명주 빚는 법을 보면 누룩에서부터 여느 술과는 다름을 알 수 있다. 청명주에 사용되는 누룩은 밀을 빻아 기울을 제거한 다음, 전에 빚었던 청명주를 물 대신 섞고 버무려서 반죽하여 건조시킨 뒤, 다시 빻고 하기를 3차례 반복한다. 누룩 버무리기가 끝나면 무명베로 싸서 누룩틀에 담아 발로 디뎌 성형을 한다. 이를 따뜻한 아랫목에서 2~3개월간 발효시켜 사용하는데, 이러한 누룩 제조법은 청명주에서만 볼 수 있는 것이다.

청명주 제품

누룩이 준비되면 술 빚기에 들어가는데, 먼저 찹쌀 1말을 체로 쳐서 얻은 싸라기 반 되에 물 3홉을 부어 죽을 쑤고, 다시 물 1말을 넣어 묽은 죽을 만들어 누룩을 혼합하여 밑술을 빚는다. 이것을 동쪽으로 난 복숭아나무 가지〔東桃枝〕로 방울이 일도록 젓고, 일주일 정도 발효시키면 끓어 오르던 술바탕이 가라앉고 발효가 끝난다.

덧술은 나머지 찹쌀을 깨끗이 씻고 한나절 담가 두

었다가 고두밥을 짓고, 차갑게 식혀서 누룩과 섞어 밑술 항아리에 담고 잘 저어 준다. 덧술은 밑술과는 달리 낮은 온도에서 1개월 가량 발효시켜 용수를 박아 채 주한다.

청명주는 청명일에 마시는 절기주이자 이양주로, 술이 익기까지 100일이 걸 린다. 따라서 청명일 100일 전에 밑술을 담가야 하는데, 숙성된 청명주는 알코올 성분이 16%로, 매우 끈적거릴 정도의 진한 맛과 약간의 시원한 맛을 느끼게 한다. 또 오랫동안 숙성시킨 까닭에 마시기에 전혀 부담이 없다. 갈증을 없애 주는 한 편, 혈액 순환을 원활하게 해주며 신경통에도 효과가 좋은 것으로 알려져 왔다.

이러한 청명주는 충북 청주시(중원군) 창동에서 누대에 걸쳐 터를 닦고 살아

청명주 제조 과정　왼쪽 사진은 특별히 제조한 누룩이다. 이 누룩은 밀을 빻고 전에 빚었던 청명주를 물 대신 섞어 만든다. 오른쪽은 청명주 기능보유자 김영기 옹이다.

온 김영기 옹이 기능보유자로, 1993년 6월 충청북도 무형문화재 제2호로 지정되었다.

중원 청명주는 일제 강점기에 접어들면서 맥이 끊겼다가, 김 옹의 증조부 되는 고 김양배(金良倍) 씨 생존 당시, 가전 기록인 『향전록』에 기록된 약방문(주방문)을 바탕으로 하여 1986년 10월 10대에 걸친 가양주를 재현한 것이다. 『주방문』, 『양주방』, 『임원경제지』 등 여러 문헌 기록과는 다소 차이를 보이고 있으나, 앞서의 언급대로 누룩 제조 과정 등에서 그 특징과 가치를 발견할 수 있다.

금산 인삼주

전통주에 대한 조사와 연구를 해 오면서, 어떤 술보다 국가 차원의 정책적 지원과 배려가 뒷받침되어야 한다는 주장과 노력을 전개해 왔던 토속주가 금산 인삼주(人蔘酒)였다. 인삼이 우리나라의 대표적인 특산품이라는 사실 때문이다.

다행히 1994년에 금산 인삼주가 충청남도 무형문화재 제19호로 지정되었으며, 이를 증류한 증류식 소주 금산 인삼백주가 농림부 전통식품 부문 명인 제2호로 지정되어 국내에 몇 안 되는 전통주로 자리잡게 되었다.

금산 인삼주는 사육신의 한 사람인 김문기 선생의 18세손이 되는 김창수 씨가 그 기능을 보유하고 있는데, 가양주로서만이 아니라 금산 지방 칠백의총의 제주(祭酒)로 자리를 잡기까지 김창수 씨의 남다른 애정과 노고가 깃들어 있다. 김 씨는 20여 년간 토속양조장을 운영해 오다 조모와 모친에 의해 전해 오던 가문 비법의 인삼주를 상품화하기로 하고, 현대식 양조 시설과 주질 향상을 위한 투자를 계속해 왔다.

금산 인삼주는 누룩 빚는 법부터 여느 전통주와 다르다. 누룩은 인삼을 수확, 가공하는 과정에서 얻어지는 미삼(尾蔘)을 통밀가루와 혼합하여 만든 것인데, 인삼의 고유한

인삼주 제품

금산 인삼주 양조장 전경(위)

금산 인삼주는 발효주(약주)와 증류식 소주(인삼백주)가 있는데, 증류식 소주는 현대식 증류기를 통해 걸러진다.(아래 왼쪽)

술독의 발효 상태를 살피는 금산 인삼주 기능보유자 김창수 씨(아래 오른쪽)

향기와 함께 발효 과정에서 쑥잎을 사용, 초취가 뛰어나다.

금산 인삼주를 빚는 과정을 살펴보면, 찹쌀 고두밥과 금산 인삼, 물 좋기로 소문난 이 지역의 물탕골 생수를 혼합하여 밑술(주모)을 만들고, 6~7일 뒤에 재차 고두밥과 인삼, 쑥, 솔잎을 덧술로 하여 50~60일간 발효시킨 후 여과하면 예의 금산 인삼주를 얻는데, 이를 재차 30일 정도 숙성시켜 마신다. 그리고 약주 인삼주를 감압증류기로 증류하면 약용 증류주인 금산 인삼백주를 얻는다.

금산 인삼주와 인삼백주는 다같이 인삼의 독특한 맛과 쑥, 솔잎으로부터 유리되는 부드러운 향기를 느낄 수 있으며, 일절 숙취가 없어 최근 그 수요가 급증하고 있다.

청양 구기주

충남 청양군 하동 정씨 가문의 가양주 구기주(枸杞酒)는 2000년 충청남도 무형문화재 제30호(기능보유자 임영순)로 지정되었다. 청양 구기주는 또 농림부 지정 전통식품 부분 명인 제11호이기도 한데, 이는 청양군이 국내의 대표적인 구기자 산지라는 사실과 함께, 구기주 기능을 보유하고 있는 임영순 씨가 떡류를 비롯하여 식혜, 한과, 국수 등 구기자를 이용한 각종 전통음식에 대해서도 뛰어난 기능을 보유하고 있는 데 힘입은 바 크다.

임영순 씨는 하동 정씨 가문에 시집가서 20세 되던 해 남편을 여의고, 시어머니(최규은)로부터 시댁의 전통에 따라 가양주(구기주)를 배워 오늘에 이르렀는데, 구기주가 언제부터 정씨 가문의 가양주로 자리를 잡았는지 그 시기를 정확히 알 수 없으나, 주민들에 따르면 구기주는 오래 전부터 청양 지방 일대의 토속주로 전해 왔다고 한다.

『규합총서』를 비롯하여 『지봉유설』, 『임원십육지』 등 음식 관련 옛 문헌에는 구기주에 대하여 '술에 구기자를 가미한 술'로 기록하고 있을 뿐, 현재의 구기주에 대한 기록은 찾아볼 수 없다. 그런데 『동의보감』과 『의학입문』 등 의학 관련

고서를 보면, "구기자를 장복하면 정력 증진과 근골을 튼튼하게 해주며, 위장과 신장, 간장, 심장 등 주요 기관의 질병 치료에 뛰어나다"고 기록되어 있어, 구기자를 이용한 가양주가 개발되었을 것으로 추정된다.

실제로 구기자의 효능에 대한 현대 의학 보고에 의하면, "구기자가 혈중 콜레스테롤을 떨어뜨려 혈액순환 개선을 비롯하여 성인병 예방과 치료에 효과가 크다"고 밝히고 있음을 보더라도 구기주가 장수주로 인식되는 것은 당연한 것 같다.

임영순 씨의 청양 구기주는 멥쌀과 찹쌀, 솔잎을 섞어 지은 고두밥에 구기자와 갈근을 섞어 달인 물과 누룩, 엿기름을 섞어 밑술을 빚고, 7일 후에 멥쌀과 누룩, 물을 섞어 만든 덧술을 합하여 술독에 안치고, 1차 8~10일 가량 발효시켰다가 2차 7일간 숙성·발효시켜 구기주를 얻는다.

〈구기주 빚기〉
구기주의 재료가 되는 구기자와 구기주 제품 → 술의 발효를 돕기 위해 도봉을 하는 기능보유자 임영순 씨 → 용수를 박아 구기주를 얻는다.

청원 신선주

충청북도 무형문화재 제4호인 신선주(神仙酒)는 청원 지방의 토호로 이름 높았던 함양 박씨 집안의 가양주로 박남희 씨가 그 맥을 잇고 있다. 신선주라는 이름에 걸맞게 보신 강장제로 쓰이는 각종 생약재가 부재료로 사용되어 장기간 복용하면 '연년(延年) 수명(壽命)하여 장수(長壽)한다' 는 말이 전해질 정도이다.

신선주의 유래는 '신라 초기 최치원 선생이 이곳 주산의 신선봉에 올라 속리산을 바라보며 신선주를 빚어 마셨는데, 그 자리에 후운정이란 정자가 있었다' 는 설화에서 볼 수 있다. 또한 기능보유자 박남희 씨의 18대조가 지사로 부임해서 터를 닦은 이래, 가양주로 빚어 오다 3대조 되는 박익진 씨가 부(富)를 축적하면서 시인묵객(詩人墨客)들과 잦은 교류를 가졌는바, 이 가양주가 세인들의 입에 오르내리게 되었다.

청원 신선주에 사용되는 약재

그 비법은『동의보감』「감기록」에 수록된 '신선고본주'를 바탕으로 자가제조(自家製造)한 약주로서, 가전 비망록인 박래순의『현암시문합집(玄岩詩文合集)』에서 비로소 신선주에 대한 기록을 찾을 수 있다.

박남희 씨 집안의 신선주는 소주와 약주로 구분하는데, 덧술을 만들지 않아 제조 과정이 단순할 것 같으나 각 부재료의 비율과 온도를 맞추기가 쉽지 않아 그 과정은 의외로 복잡하다.

먼저, 찹쌀을 물에 깨끗이 씻어 하룻밤 불렸다가 건져서 10가지 한약재(우슬, 하수오, 구기자, 천문동, 맥문동, 생지황, 숙지황, 인삼, 당귀, 육계)를 가루로 빻아 섞어 넣고, 시루에 안쳐 고두밥을 지어 차게 식으면 감국과 지골피를 달인 물과 누룩을 섞어 술밑을 빚고 술독에 안친다.

술독은 무명보자기로 덮어 1차 발효한 뒤, 온도를 낮추어 다시 2차 발효를 시

발효중인 밑술(왼쪽)과 신선주 기능보유자 박남희 씨(오른쪽)

키고 이를 여과 후 정제하여 그대로 마시면 신선약주가 되고, 소줏고리를 이용하여 증류하면 신선소주가 된다. 이러한 신선주의 채주율은 약주의 경우 45%, 소주의 경우 20~36%로 매우 낮은 대신 술맛이 진하고 향이 강하여, 그 맛을 보면 반드시 다시 찾게 되는 술이다. 신선소주의 경우 술맛과 향을 좋게 하기 위해 서늘한 곳에서 한 달간 숙성시킨다.

대전 송순주

최근 대전광역시 무형문화재 제9호로 지정된 명주가 세간에 널리 회자되고 있는데, 은진 송씨 가문의 가양주 송순주가 그것이다.

송순주는 '대전의 육미삼주(六味三酒)'에 속하는데, "돌솥밥, 도토리묵, 설렁탕, 삼계탕, 냉면, 매운탕을 지칭하는 '육미'에 반주로 곁들이는 '삼주'로서, 국화주(또는 송순주)를 비롯하여 농주, 오미자주가 합을 이룬다"는 대전 사람들의 취향에 의해 선정된 술이다.

우리의 가양주들에서 보듯이, 송순주 역시 그때그때 얻어지는 자연산물을 이용한 계절주의 특징을 잘 보여 주고 있는데, 봄철에는 소나무의 곁가지에 자라난 송순(松筍)을 이용해 술을 빚다가, 여름 지나고 가을이 되면 서리를 머금은 국화를 따서 술에 넣는 화향입주법(花香入酒法)의 가향주를 즐겼던 까닭에 '삼주(三酒)'의 국화주가 때로는 송순주로 불려지게 되었다.

송순주는 조선조 후기 문신이며 학자로, 인조 때 학행(學行)으로 천거되어 조정에 나아간 뒤, 특히 효종 때 송시열과 함께 서인(西人)의 대표적인 인물로 국정을 주도했던 동춘당(同春堂) 송준길(宋浚吉, 1606~1672년) 가문의 술로 전해 온 것이다. 지금은 은진 송씨 19대손 용억(90세) 씨에 이은 20대손 송봉기(67세) 씨의 처 윤자덕(66세) 씨에 의해 예의 맥을 잇고 있는데, 그 비법이 가전 기록인 한글필사본 『우음재방주식시의』에 수록되어 있다.

송순주 빚는 법을 보면, 중복 무렵에 40일간 띄운 백곡을 가루내고, 멥쌀로 지

대전 송순주의 산실 동춘당의 안채 전경(위)

술독을 살피는 송순주 기능보유자 윤자덕 씨(아래 왼쪽)

송순주와 육포 안주(아래 오른쪽) 대전 송순주는 발효주로,
혼양주인 김제 송순주와는 술 빚는 법에서도 차이가 있다.

은 백설기와 물을 섞어 밑술을 안치는데, 15~20일간 발효시킨다. 이어 찹쌀을 물에 깨끗이 씻어 불린 뒤, 고두밥을 짓고 이내 차게 식혀 밑술과 혼합하고 물을 되직하게 부어 술독에 안치는데, 이때 송순(또는 황국)을 술독 밑에 한 켜 깔고 그 위에 술밑을 안친다.

술이 익기까지는 한 달이 소요되는데, 송순주는 엷은 보리차와 같은 밝은 담황색으로 진한 송순 향기와 함께 감칠맛이 뛰어나, 독한 줄 모르고 자꾸 마시게 되어 대취하기 일쑤다.

가야곡 왕주

가야곡(可也谷) 왕주(王酒)의 생산지는 노령산맥의 끝자락 태봉산을 등지고 있는 논산시 가야곡면으로, 효자 강응정을 비롯한 많은 효부·효자를 배출한 고장으로 유명하다. 마을 곳곳에 정문(旌門)과 비(碑)가 세워져 있어, 효(孝)의 고장임을 한눈에 알 수 있다.

남상란(농림부 전통식품 부문 명인 제13호) 씨는 남편의 사업이 위기를 맞자 그 타개책을 궁리하던 끝에 친정의 가양주인 왕주를 떠올리고 남편과 함께 그 재현에 뛰어들게 되었다. 왕주는 대를 이어 농주를 빚어 온 양조 기술을 바탕으로, 그리고 무엇보다도 친정이 명문 민비(閔妃, 조선조 고종의 비) 집안으로, 그 집안의 가양주를 재현한 것이라는 사실에서 의미가 크다.

사실, 남상란 씨의 남편 이용훈 씨는 21세 때부터 이 고장의 토속주로 명성이 높은 '가야곡 동동주'를 30년 동안 빚어 왔다. 선대의 노성양조장을 물려받아, 그간 '가야곡 동동주' 또는 '빽빽주'로 이 지역과 인근의 공주, 부여, 금산, 전북 완주 등지에 이름을 날렸는데, 1990년대에 접어들면서 급격한 생활환경의 변화로 막걸리와 동동주 등 전통의 토속주가 외면당하게 되었던 것이다.

왕주의 제조 과정을 살펴보면, 밑술을 만드는 데 있어 멥쌀을 빻아 백설기를 찐 뒤, 누룩과 물을 2:1:5의 비율로 고루 섞어 7일간 발효시킨다. 덧술은 찹쌀을

〈가야곡 왕주 빚기〉
기능보유자 남상란 씨와 왕주에 쓰이는 재료들 → 덧술의 재료가 되는 찹쌀 고두밥을 식히는 모습 →
국화, 구기자, 오미자, 솔잎 등으로 빚은 밑술을 안친 술독 → 숙성이 끝난 술독에 용수를 박는 과정

고두밥 지어 누룩과 가공하지 않은 상태에서 건조시킨 야생국화, 구기자, 오미자, 솔잎, 물, 먼저 빚어 둔 밑술을 잘 섞어서 소독한 항아리에 담아 다시 10일간 발효시킨다. 이어 술이 익으면 걸러서 10℃ 이하 되는 그늘진 실내에서 100일간 숙성시키면 왕주를 얻게 된다.

왕주는 여느 술과 달리 오랜 시간 저온 숙성시킨 까닭에 술맛이 부드럽고 상쾌한 맛을 주며 국화, 구기자, 오미자, 솔잎 등의 약재가 들어가 보신의 역할까지도 한다. 애주가들로부터 "다른 술과는 다르게 시원하고 깨끗한 맛이 일품이며 전혀 숙취가 없다"는 호평을 받는 것도 이 때문이다.

이 밖에 충청도의 전통주로 보은 지방 송로주가 있으나, 몇 차례에 걸친 취재 섭외에도 불구하고 기능보유자의 사정으로 끝내 여기에 싣지 못한 아쉬움이 남는다.

전통주의 문화재 지정은 그 취지가 전통 문화의 한 단면으로서 이를 보존, 계승하자는 데 있는 만큼 한 개인의 것이 아닌, 국민이면 누구나가 다 알고 접할 수 있는 살아 있는 문화로서 존재해야 한다는 것이 필자의 소견이다.

강원도

우리나라 지형의 척추와 같은 지세(地勢)를 자랑하는 태백산맥의 큰 줄기와 난류와 한류가 교차하는 깊은 동해 바다를 면하고 있는 강원도 지방은, 비교적 추운 곳에 위치한다. 지리적으로 산악과 고원지대가 많아 산구릉을 이용한 옥수수, 감자, 메밀 등과 도토리, 칡 등이 많이 생산되어 이를 주식으로 삶을 영위해 왔다.

따라서 음식에 있어서는 면하고 있는 경기도 지방과 같이 화려하거나 사치스러운 면이 없고, 소박하고 구수한 맛이 특징이다. 특히 감자와 옥수수, 기타 잡곡을 이용한 다양한 조리법이 발달했다.

상비식으로 감자와 옥수수 등을 가공하여 엿을 즐겼는데, 술의 경우 엿을 고는 과정에서 누룩을 넣어 발효시킨 서주(薯酒)와 옥수수 약주가 발달하여 타지방과는 비교가 된다.

이와 같이 지리적 · 문화적으로 고립된 데다 농토가 좁은 탓으로, 내륙 지방에서처럼 고급 재료를 이용한 술 빚기가 용이하지 못하였으므로, 고급 미주(美酒)나 방향주(芳香酒)가 생산되지 못하였다. 그리하여 현재 홍천군 서석면 소재 옥선주가 유일하게 농림부 지정 전통식품(주류 부분) 명인으로 지정되어 관리되고 있을 뿐이다.

홍천 옥선주

홍천 옥선주는 전통 양조 기법의 중요성 못지않게 오늘날의 현대인들에게 '부자자효(父慈子孝)' 란 이런 것임을 깨우쳐 주는 술이기도 하다. 홍천 옥선주는 고 이한영 씨 집안의 가양주로 1995년 전통식품 부문 명인으로 지정되었는데, 조선조 말기에는 '효자가 빚은 술' 로 더 알려졌다.

전하는 내용에 의하면, "조선조 말엽 고종 38년, 인제군 내면 미사리의 이용필은 부모가 괴질에 걸렸으나 백약이 무효여서, 궁여지책으로 자신의 손가락을 절단하여 피를 부모에게 먹이기를 수 차례, 그러나 부모의 병은 차도를 보이지 않았다. 마침내 그는 자신의 허벅지살을 도려내어 국을 끓여 봉양하니, 부모의 병이 씻은 듯 나아 장수하게 되었다. 이에 고종은 효자 포상과 함께 칙명으로 정3품 통정대부 벼슬을 내렸다. 이후 이용필은 가양주로 빚어 오던

옥선주 제품

발효중인 옥선주 술덧

'옥촉서(玉蜀黍) 약소주(藥燒酒)'를 빚어 진상하였다"고 한다.

강원도 지방의 명주답게 옥수수를 주재료로 하여 빚는데, 고 이한영 씨가 선친(이종철)에게서 물려받은 가승과 족보에 수록된 '옥촉서 약소주 제조 과정'을 그대로 옮기면 다음과 같다.

"술독을 잇집(볏짚)으로 소독하여 술밥에 누룩과 섞어 물로 밑술을 담근다. 방에서 사흘 후에 술이 되면 옥수수 엿물을 끓여 식힌 후에 밑술과 함께 덧술을 한다. 건당귀를 썻어 술 두 동이에 당귀 반 근을 넣는다. 열흘이 지나면 술이 익는다. 된 술을 걸러서 소주를 곤다. 소주를 고항아리(주둥이가 좁고 키가 큰 항아리)에 넣어 소주 한 말에 생갈근 반 근이 못 되게 넣고 밀봉하여 후숙을 시킨다. 삼칠일 이상 지나면 된다."

홍천 옥선주의 가장 큰 특징은 혼성주이자 약용증류주라는 데 있다. 즉 대부

옥선주의 주재료인 옥수수를 확인하고(왼쪽 사진) 증류기 안을 살피는 기능보유자 임용순 씨

분의 약용증류주들이 밑술이나 덧술에 부재료로 가향약재를 넣음으로써, 증류 과정에서 그 약리적 성분과 향기가 소실되어 버리는 데 비해, 홍천 옥선주는 증류 후 다시 약재를 넣음으로써 당귀와 갈근이 함유하고 있는 맛과 향, 약리적 작용을 그대로 받아들이고 있다.

또 다른 특징은 마시고 난 후 독특한 향기도 잊지 못하거니와 뒷맛이 깨끗하고 만취하도록 마셔도 전혀 숙취가 없으며, 혀 끝에 닿는 순간 입 안이 얼얼하면서도 시원한 느낌, 곧 '화한 맛'과 함께 '청량감'을 준다는 것이다.

홍천 옥선주의 '화한 맛'은 현존하는 강원도 지방의 어떤 술에서도 느낄 수 없는 유일한 맛이거니와, 강원도 지방의 특산품 중 하나인 옥수수를 주원료로 하여 빚은 전통주라는 데 그 가치가 있다.

전라도

지리적으로 서해와 남해에 면하고 기름진 평야지대를 이루고 있는 전라도 지방은 조선조의 본향인 전주를 중심으로 고유한 전통을 이어받고, 기름진 옥토를 형성하고 있는 나주를 중심으로 발달한 향토음식은 그 맛이 뛰어나다.

전라도 음식은 가짓수나 양에서도 많고 부재료를 풍부하게 사용하여 맛이 뛰어난데, 특히 부호와 양반가의 전통과 가풍을 이어받은 고유한 음식과 조리법을 비교적 고스란히 간직하고 있어, 혼인의 이바지 음식을 비롯하여 화려한 것이 특징이다. 또한 음식의 간이 세고 강한 맛으로 타지방의 음식과는 대조적이다.

국내 최대의 미곡 산지답게 질 좋은 곡식으로 만든 다양한 떡과 한과, 술이 발달하였다. 술의 경우 타지역에 비해 중양주가 많고, 여러 가지 부재료를 많이 넣는 등 술의 맛과 향에서 매우 복잡미묘한 특징을 띤다. 또한 다른 지방에 비해 아직도 가양주 형태의 토속주를 즐겨 빚고 있으며, 순곡 청주보다는 가향주와 약주들이 발달해 있는데, 무엇보다 술 빚는 방법이 복잡하고 까다롭다는 점에서 미각이 발달한 전라도인들의 특질을 잘 반영하고 있다.

전라도 지방의 전통주로는 해남 진양주(청주), 진도 홍주(혼성주), 전주 이강주(혼성주), 김제 송순주(혼양주), 완주 송화백일주(소주), 담양 추성주(혼성주)가 시·도 지정 무형문화재와 농림부 지정 전통식품 부문 명인으로 지정, 관리되고 있다.

전주 이강주

전통 증류식 소주에 배, 생강, 계피, 울금(심황)을 넣고 꿀을 가미한 후 장기간 숙성시켜 만든 전주 이강주(梨薑酒)는 재료에서 보듯 술에 배와 생강을 넣었다 해서 붙은 이름이다.

전주 이강주는 전통 소주 특유의 향에 배에서 우러나는 청량감과 생강의 매콤

이강주 제품 전시장

함, 계피의 강한 향이 대표적이다. 여기에 벌꿀이 가미되어 은은한 향과 부드러운 맛으로 입을 즐겁게 해주고, 울금에서 나오는 담황색 색조는 눈을 즐겁게 해주어 예로부터 '품위와 격이 있는 술'로 칭송받았던바, 사대부와 부유층에서만 즐길 수 있었다고 전한다.

조선 중엽부터 죽력고와 함께 명성을 얻었던 이강고(梨薑膏)가 대중화되면서 약식 가양주로 자리잡으면서 이강주가 되었을 것으로 추측된다. 이는 옛 문헌에 이강주란 술 이름이 보이지 않기 때문이다.

이강주는 울금의 재배 지역인 전라도 전주와 황해도 개성에서만 제조되었던 고급 약주였던 관계로, 오랜 세월 이 지역에 터를 닦고 살아온 조정형 씨 집안의 가양주로 뿌리를 내려왔다고 한다.

이강주 기능보유자는 대학에서 발효학을 전공하여 1급 양조기술사 자격을 갖

소줏고리를 이용하여
이강주를 받는 과정(위)

이강주 기능보유자 조
정형 씨의 개인 주류 박
물관 전시실(아래)

추고 있는 조정형(전라북도 무형문화재 제6호) 씨인데, 조 씨는 전국을 답사하면
서 채록한 자료를 근거로 『다시 찾아야 할 우리의 술』(서해문집, 1991)이란 저서
를 낼 정도로 전통주에 애정이 깊은 사람이다.

이강주를 만드는 데 있어 가장 중요한 것은, 주재료와 부재료의 배합이지만 여기에 정성이 들어가야 제 맛이 난다고 알려지고 있다. 먼저, 멥쌀을 물에 깨끗이 씻어 불려서 고두밥을 짓고 누룩과 물을 고루 혼합하여 만든 밑술을 5~7일간 잘 발효시킨 다음, 다시 보리쌀로 고두밥을 지어 덧술을 한다. 덧술은 보리쌀 고두밥에 재차 누룩과 물을 섞어 밑술에 넣고 잘 저어 준 뒤, 발효가 끝나면 소줏고리를 이용하여 재래식 소주를 얻는데, 이를 재차 증류하여 순수한 소주를 얻는다. 이 순수한 소주에 전주 배와 완주군 봉동읍의 생강을 주재료로 하고, 적당량의 계피와 울금, 꿀을 넣고 상온에서 30일간 숙성, 여과하여 이강주를 얻는다.

전주 이강주는 증류식 소주를 이용한 혼성주(리큐르)이면서도 일반 소주와 같은 알코올 도수 25%로, 마시기에 전혀 부담이 없고 서서히 취하게 하여 취흥을 좋게 하면서도 위에 부담을 주지 않는 것이 특징이다.

진도 홍주

전라도에서도 가장 보수적인 고장이 진도이다. 진도를 연상시키는 명물이 몇 가지 있는데, 선홍색의 화려함을 자랑하는 홍주(紅酒)와 구기자, 그리고 진돗개와 강강수월래이다.

그런데 홍주가 진도 지방의 명주이자 특산품이 된 데에는 두 가지 설이 있다. 하나는 고려 말엽 삼별초의 난을 평정하러 진도에 왔던 몽고군에 의해 전해졌다는 설이고, 다른 하나는 조선 중엽 진도 고군면으로 낙향한 허대(許岱) 선생 집안의 가양주가 전해졌다는 설이 있는데, 정확한 근거는 없고 다만 후자를 토대로 홍주의 전통성을 부여하고 있다. 진도 지방에 허대의 후손들이 집성촌을 이루고 있는 가운데, 지금도 허씨 가문을 중심으로 홍주를 빚어 오고 있는 것은 이와 같은 설을 반증하는 사례이다.

실제로 진도에서 60년 가까이 홍주를 빚어 온 허화자(전라남도 무형문화재 제26호) 씨는 친정집 가양주였던 홍주를 가문 비법 그대로 고수하고 있다.

밀과 보리를 반반씩 섞어 빚은 누룩

허화자 씨가 빚고 있는 홍주는 밀과 보리를 반반씩 섞어 빚은 누룩을 띄워 콩알 크기로 분쇄한 후, 멥쌀과 보리를 쪄서 만든 고두밥과 물을 섞어 술밑을 만든다. 술밑은 30~50일 정도의 긴 발효 기간을 거친 후에야 소줏고리를 이용하여 증류하는데, 술덧의 발효 기간이 긴 이유는 단기간 발효하면 깨끗한 술맛을 낼 수 없을 뿐 아니라, 두통과 구토 등 부작용이 생기기 때문이다. 소줏고리 끝에서 떨어져 내린 맑디 맑은 소주는 소줏고리의 귓대 밑에 놓인 단지 위의 뿌리식물이자 생약재로 쓰이는 지초(芝草)를 통과하면서 순간 착색되어 홍옥 빛깔을 띠게 되는데, 화끈한 맛과 그 화려한 빛깔 때문에 누구라도 한눈에 반하고 만다.

충분한 발효와 숙성을 거친 후에 증류하고, 지초라는 한약재를 이용하여 착색시켜 밝고 아름다운 홍옥색을 갖는 것이 바로 진도 홍주의 비결이다. 지초는 염료 외에 어린아이가 열이 날 때나 급체에 쓰였던 가정비상약으로 홍주에 감칠맛과 청량감을 더해 준다.

〈진도 홍주 빚기〉

기능보유자 허화자 씨가 홍주의 빛깔을 내는 지초를 다듬
고 있다.→ 술덧의 발효를 돕기 위해 저어 주고 있다. →
소줏고리에서 흘러내린 소주 방울이 지초에 닿으면서 순
간 진홍색 물이 든다.

전통 홍주 보존회의 진도 홍주 제품

해남 진양주

남도 땅 해남군 계곡면에 임금이 마신 술이라 하여 '어주'라는 별칭으로 불려지고 있는 전통 청주가 있다. 이 고을 장흥 임씨 가문의 비주로서 200여 년의 내력을 간직하고 있는 진양주(眞釀酒)가 그것으로, 1993년 전라남도 무형문화재 제20호로 지정되었다.

진양주에 얽힌 유래가 있는데 그 내력이 참 재미있다. 조선조 순조 때 광산 김씨 문중에 김권(1805~1866년)이란 이가 순조 31년에 등과(登科)하여 순조로부터 신임을 받았는데, 그는 퇴출 궁녀(상궁) 최씨를 소실로 맞았다.

그는 술을 좋아하여 이것저것 두루 마시고 취하기 일쑤였는데, 이를 보다 못한 소실 최씨가 '술 같은 술을 마시라'면서 손수 빚은 술을 마시게 하였는데, 그 술이 최씨가 궁녀로 있을 당시 궁중 비법의 어주였다고 한다.

이후 김권의 딸이 진양주 제조 비법을 지득(知得)하여 후일 장흥 임씨 가문에 출가함으로써, 광산 김씨 가문의 가양주가 전해지게 된 것이다. 당시 상궁 최씨는 현재의 진양주 기능보유자 최옥림 씨의 남편 임종모 씨의 증조모가 된다.

진양주는 이른 봄철이 술 빚기에 가장 좋은 때로, 찹쌀 1말에 청주 1말을 얻는다. 먼저 찹쌀 1되로 죽을 쑤어 식힌 뒤 누룩을 섞어 밑술을 빚고, 5일 정도 발효시켰다가 술이 가라앉을 무렵 덧술을 한다. 덧술은 나머지 찹쌀을 백세(百洗)하여 하룻밤 불려 고두밥을 짓고 차게 식혔다가, 밑술과 합하여 고루 버무려 독에 안치고, 밀봉하여 7일간 발효시킨 뒤 후수(後水)한다.

술이 다 익으려면 3일 정도 더 기다려야 하는데, 진양주는 엷은 주황색의 밝은 술 빛깔을 자랑한다.

해남 진양주는 아직도 약간 건건한 듯한 짠맛의 특별한 맛을 자랑하는 이 마을의 우물물을 양조용수로 하여 빚어야만 제 맛을 즐길 수 있다고 알려지고 있는데, 그 맛이 찐득찐득하다 할 만큼 달짝지근하고 부드러운 까닭에 자꾸 마시게 되어 대취하기 십상인데도 술잔을 놓기가 아쉬워진다.

〈진양주 빚기〉
찹쌀 고두밥을 식히고 있는 기능보유자 최옥림 씨 → 미리 빚어 둔 밑술
과 찹쌀 고두밥을 섞어 덧술을 빚고 있다. → 숙성이 끝난 술덧

엷은 주황색을 내는 진양주

김제 송순주

조선조 선조 때 병조정랑 김택(경주 김씨)이란 사람이 평소 위장병과 신경통으로 고통을 받고 있었는데, 어느 날 비구승 한 분이 찾아와 그의 부인에게 비방(秘方)을 일러 주고 갔다 한다. 이에 부인이 그의 처방대로 하여 병을 고치게 되었는데, 김택은 임진란 당시 고제봉, 조중봉 등과 금산전투에서 순사(殉死)하게 된다. 김택의 사후 그 비방이었던 송순주(松筍酒)가 경주 김씨 가문의 전통이 되어 가양주로 뿌리를 이어 오게 된 것이다.

송순주는 김제에 사는 경주 김씨 가문의 며느리 김복순 씨에 의해 1987년 전라북도 무형문화재 제6호로 지정되어 오늘에 이르고 있는데, 『규합총서』, 『임원십육지』 등에 자세한 내용이 수록되어 있고, 『동국세시기』, 『시의전서』, 『술 빚는 법』, 『술방문』, 『양주방』, 『치생요람』 등 여러 문헌에도 소개되고 있다.

술 빚는 첫 일로 송순을 준비하는데, 4월 하순부터 5월 중순경 소나무 곁가지에 새로 자란 송순을 채취하여 시루에 넣고 찐 뒤, 모엽(어린 솔잎)을 제거하여 그늘에서 하루 정도 말려서 사용한다.

송순 준비에 이어 소주를 만들어야 하는데, 멥쌀로 고두밥을 쪄서 누룩, 물을 붓고 6~7일간 발효시킨 다음, 이를 소줏고리를 이용하여 증류하면 20ℓ의 소주(알코올 함량 39%)를 얻는다.

이어 본술인 송순주 빚기에 들어가는데, 멥쌀을 물에 불렸다가 건져 빻은 뒤, 백설기를 만들고 식혀서 백곡과 적당량의 물을 섞어 술독에 안친 뒤 5~6일 발효시켜 밑술을 얻는다.

덧술은 밑술의 4배 되는 양의 찹쌀 또는 멥쌀을 깨끗이 씻어 하룻밤 물에 불렸다가 고두밥을 쪄서 식힌 후, 누룩가루와 쪄서 말려 두었던 송순을 함께 버무려 밑술에 넣은 다음 밀봉한다.

발효에 적당한 온도를 유지해 주기 위해 땅속 50cm 깊이로 술독을 반쯤 묻는다. 12~13일 후 발효가 끝나면 준비해 둔 소주 20ℓ를 붓고 용수를 박은 뒤 다시

〈송순주 빚기〉
송순주의 주재료인 송순의 어린 솔잎을 다듬고 있다. 다듬은 송순은 쪄서 말려 사용한다. → 송순주를
빚고 있는 기능보유자 김복순 씨 → 숙성중인 송순주 술독. 김제 송순주는 여기에 증류식 소주를 첨가
한 후 숙성시킨다.

밀봉하여 80여 일 숙성시켜 채주한다.

송순주는 그 제조 과정이 매우 까다로운데, 신비한 맛은 한국적 정취와 함께
맑은 솔 향기, 독특한 술 빛깔을 자랑하는데, 양반가의 반주와 숙취를 다스리는
해장술로 더 잘 알려지면서 애주가들이 가장 선호하는 전통주가 되었다.

완주 송화백일주

선방(禪房)의 곡차(穀茶) 향기는 어떨까.

통일신라 진덕여왕 때 부설거사(浮雪居士)가 영희·영조 등 도반(道伴)들과 함께 수도(修道) 정진하다가 헤어지면서 송화 곡차를 마셨다는 기록이 불교사화집에 전해 온다. 또 모악산 800m 고지의 절벽 아래 수왕사(水王寺)에서 수도승들이 경선하던 중 기압에 의한 고산병(高山病) 예방을 목적으로 곡차(송화백일주, 송죽오곡주)를 즐겨 마셨다는 기록이 수왕사 사지(寺誌)에 수록되어 있다.

수왕사 주지는 벽암 스님(조영귀, 12대 주지)으로, 송화백일주의 제조 비법을 전수 받아 농림부 지정 전통식품 부문 명인 제1호가 되었다. 송화백일주는 수왕사에서만 천년 이상 비전(秘傳)되어 온 명주로, "조선조 인조 때 고승 진묵대사 (1563~1633년)는 수많은 이적(異蹟)으로 유명한 인물인데, 초의선사의 『진묵조사 유적고』에 '사찰의 채식 위주 식생활에서 오는 영양 부족과 고산병 예방을 위해 주위의 자생약초를 원료로 곡차를 빚기 시작했으며, 먹는 것은 무엇이든 심지어 독까지도 몸 속에서 물로 만들었다'는 이야기가 전해져 오고 있어, 진묵대사의 기일(忌日)에 헌다(獻茶)를 위해 빚는다"고 하여 송화백일주의 신비성을 더해준다.

송화백일주는 전통 증류식 소주로 38%의 알코올 함량을 자랑하는데, 그 향기가 단연 으뜸이라 할 만하다. 송홧가루를 비롯하여 산수유, 구기자, 국화, 당귀, 하수오, 감초 등의 자생약초와 함께 수왕사 절벽의 바위틈에서 흘러내려오는 약수와 찹쌀, 멥쌀, 누룩을 혼합하여 100일간 발효 숙성시킨 후 증류한 소주를 다시 100일간 숙성시킨다.

벽암 스님에 따르면 송화백일주는 수왕사 주지들에게만 비전되어 온 까닭에 일제 강점기와 밀주 단속이 심했던 때에도 맥이 끊기지 않았다고 한다.

더러 절에서 술을 빚고 마셨다는 사실에 대해 백안시하는 경향이 없지 않은데, 곡차와 술은 엄연히 다르다. 술이 차가 될 수 있는 것은 '정신' 때문이다. 자

〈송화백일주 빚기〉

수왕사 정상에서 솔잎을 채취하고 있는 벽암 스님 → 숙성
중인 송화백일주 → 약주 송화백일주를 증류하고 있다. →
송화백일주를 증류하여 맑은 빛깔과 그윽한 향취를 낸다.

송화백일주 제품

신을 이길 수 없을 정도로 마시고 취한다면 술이지만, '한 모금 넘겨서 혀에 닿지 않게 차를 삼는다'는 의미에서 술이 곡차가 되는 것이다.

서늘한 솔바람이 옷깃을 파고드는 이때, 적막하기 그지없는 선방에 앉아 스님이 내어 주는 곡차 한 잔 나누며 그 향기에 취할 수만 있다면…….

담양 추성주

전국에서 '누정문화(樓亭文化)'가 가장 발달한 지역이 전남 담양군이다. 이 고장에 걸맞는 전통 명주가 있으니, '제세팔선주(濟世八仙酒)'라는 별칭으로 더 잘 알려진 추성주(秋成酒)이다.

담양군지 『추성지(秋城志)』에 의하면, "이 지역에서 자생하는 약초 등을 캐다 술을 빚어 마셨는데, 이 술은 신선주로 허약한 사람들과 애주가들이 애음했으며, 그 비법은 구전하고 있다"고 하고, 구전하는바 "추성주는 특수한 향취와 은은한 맛이 있어, 보양 효과가 높으면서 해열·진정·구충·혈압 강하·소염·고혈압·당뇨·신경통·방광염·동맥경화의 예방과 중이염·노화·간염·피부염·신장염·신장병에 그 효과가 탁월하다"고 한다.

담양 추성주의 기능보유자는 양대수 씨로, 농림부 전통식품 부문 명인 제24호로 지정되면서 그 이름이 널리 알려지고 있다. 추성주의 별칭 '제세팔선주'는 그 신비함에서 온 것으로 '팔'은 '팔보회춘(八寶回春)'의 뜻이고 '선'은 '신선(神仙)'과 같다는 데에서 유래한 것이다.

담양 추성주 제조 방법은 여간 복잡하지 않다. 밑술을 만듦에 있어 찹쌀과 멥쌀을 1:3의 비율로 섞어 물에 씻어 건져서 고두밥을 짓고, 엿기름과 물을 붓고 2차례 당화시킨 다음 덧술을 한다.

덧술은 누룩과 분쇄한 두충, 창출, 육계 등 20여 가지 한약재와 물, 밑술을 섞어 10~12일간 발효시킨 술덧을 증류하면 한약재로부터 분리된 특유한 향미를 지닌 증류식 소주가 만들어진다. 여기에 홍화, 구기자 등 8가지 약재를 분쇄하여

제세팔선주 관련 설화의 배경이 되는 금성산성

달인 추출물을 증류하여 얻은 증류식 소주와 섞고 30일간 숙성시킨 후, 2차 여과하여 20℃의 실내에서 30일 가량 재차 숙성시키면 알코올 함량 25%의 완성된 담양 추성주를 얻는다. 이러한 양조 과정은 어느 전통주에서도 찾아볼 수 없는 담양 추성주만의 비법이라 할 수 있다.

좋은 술은 은근한 향기와 함께 부드럽게 넘어가야 하고, 또 취하게 마시더라도 숙취가 없고 술 마신 다음날 뒤끝이 깨끗해야 한다. 담양 추성주는 이 모든 조건에 거슬림 없는 술이다. 그 때문에 추성주를 마셔 본 사람이면 한결같이 그 빛깔부터가 입맛을 다시게 만들며, 아무리 마셔도 뒤끝이 깨끗해 자주 찾게 된다고 한다.

담양 추성주처럼 많은 약재가 들어가는 술도 없으니, 마치 보약을 함께 먹는 것이나 다름없고, 또 증류주이면서도 독하지 않아 마시기에도 좋다. 특히 불그스름한 빛깔과 은근한 향기는 입맛을 다시게 하며 한 번 마셔 보면 결구 그 맛을 잊시 못한다.

〈추성주 빚기〉

추성주의 술밑이 되는 약주를 빚고 있다. → 발효중인 술덧의 향기를 맡고 있는 기능보유자 양대수 씨 → 추성주를 증류하고 있다.

추성주 제품

경상도

　남과 북을 크게 굽어 흐르는 낙동강을 중심으로 독특한 문화를 형성해 온 경상도는 동해와 남해에 면해 있어 해산물이 풍부하고, 기름진 옥토가 있어 농작물도 많이 산출되는 까닭에 인심이 넉넉한 편이다.

　경상도의 음식 문화는 주로 해산물을 중심으로 한 담백한 맛의 회를 즐기고, 해물에 소금 간을 해서 내는 시원한 맛을 선호하는데, 예로부터 안동이나 경주, 상주, 문경 등 내륙을 중심으로 보수적인 문화를 형성, 전통 수호 의식이 다른 지역에 비해 강한 편이다. 특히 풍산 류씨, 안동 권씨, 안동 김씨, 안동 장씨 등 명문가를 중심으로 한 반가 문화가 경상도 지역의 전통 문화를 주도해 왔다고 해도 과언이 아니다.

　음식의 간이 세고 매운 점이 경상도 음식의 특징이라고 볼 때, 이 지방의 전통주는 예의 명문가에서 빚어졌던 가양주를 중심으로 보급되고 있다. 대표적으로 경주 교동법주를 비롯하여 김천 과하주, 문경 호산춘 등의 청주류와 안동 송화주(가양주), 달성 하향주(약용약주), 안동 소주(소주)가 국가 지정 중요무형문화재와 시·도 지정 무형문화재로 주품을 자랑하고 있다.

경주 교동법주

　법주(法酒)는 '법식(法式)대로 빚은 술' 또는 '사찰에서 빚어져 일반에게 전해 온 술'로, 우리 고유의 순곡 청주를 일컫는다. 때문에 법주는 궁중에서도 문무백관(文武百官)과 사신(使臣)만이 마실 수 있는 술로, '법식대로 빚은 특별주'를 가리킨다고 한다.

　이러한 법주가 경북의 고도(古都) 경주에 사는 경주 최씨 집안에 그 비법이 전해져 대대로 종부에게만 전수되고 있는데, 숙종 때 사옹원(司饔院)의 참봉(參奉)으로 있었던 최국선에 의해 사가인 경주 최씨 가문에 전해지게 된 것으로서, 최

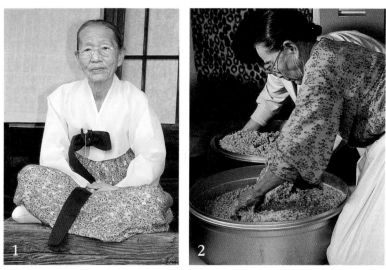

〈교동법주 빚기〉
기능보유자 배영신 씨 → 찹쌀가루와 누룩가루를 섞어 밑술을 빚고 있다. → 발효중인 교동법주

씨 가문이 터를 닦고 있는 동리가 교동(校洞) 또는 교리(校里)라는 사실에서 바로 교동법주(校洞法酒)로 불려시게 되었다고 한다.

교동법주 기능보유자는 배영신 씨로서, 오랜 경험에서 얻은 교동법주의 술맛에 대하여 '술맛의 좋고 나쁨을 결정하는 것은 정성'이라며, '현대식 양조 기법이나 대량 생산을 위한 기계 설비를 지양하고,

교동법주 제품

전통적인 법식대로 술을 빚기 때문에 본래의 술맛을 잘 간직하고 있다'고 한다.

교동법주는 술을 빚기 시작해서 술을 뜨기까지 약 70일이 소요되는 장기 저온 발효주로, 찹쌀로만 두 번 빚는 이양주이다. 그 과정을 요약하면, 먼저 찹쌀과 누룩가루, 집안 샘물이 밑술의 전부로, 찹쌀로 멀건 죽을 쑤어 식으면 누룩가루를 섞고 밑술을 빚어 3~5일간 발효시킨다. 이 밑술에 찹쌀로 지은 고두밥을 고루 섞어 치댄 후, 술독에 담아 10여 일간 1차 발효와 숙성 과정을 거친다. 1차 발효에 이어 저온에서 50~60일 가량 2차 발효 숙성 과정을 거치면 교동법주를 마실 수 있게 된다.

숙성이 끝난 교동법주는 노랗고 투명한 담황색에 찹쌀 특유의 달짝지근한 듯 찐득한 진미와 함께 강한 향취가 어우러져 순후한 곡주의 맛을 느낄 수가 있다. 때문에 교동법주는 사대부가의 반주로, 귀한 손님의 접대에 따른 상비식으로 적격이어서, 교동법주를 맛보려는 술손님들로 집안이 늘 붐볐다고 한다.

경주 교동법주는 현재 면천 두선주, 서울 문배주와 함께 소위 국주로 불려지고 있으며, 중요무형문화재 제86호로 지정되어 있다.

문경 호산춘

호산춘(湖山春)이라는 전통 명주를 세인들이 맛볼 수 있게 된 것은, 그리 오래 지 않은 1990년대이다.

〈호산춘 빚기〉

기능보유자 권숙자 씨 → 7일 정도 발효시킨 밑술에 찹쌀 고두밥을 지은 덧술을 합한다. → 숙성중인 호산춘 술덧

술 이름에 춘(春) 자를 붙이게 되면 '춘주' 류로 분류되는데, 이는 중국 당나라 때부터 왕실과 귀족 등 특수 계층에서만 마셨던 고급 술이다. 국내에서도 여산춘, 호산춘이 그 유명세를 떨쳤는데, 전라북도 익산 지방이 춘주의 명산지였다.

문경 지방에 호산춘이 전해진 것은 600여 년 전으로, 조선조 초기 세종 때 가장 신임 받는 재상으로 명성이 높았던 황희(黃喜, 1363~1452년)의 증손 황정(黃珽)에 의해, 문경시 산북면 대하리에 처음 집터를 닦은 이래 집성촌을 이루게 되

었으며, 집안의 애경사와 접대용으로 호산춘을 가양주로 빚
어 왔으며, 지금은 장수 황씨 가문의 21대 종부인 권숙자
(경상북도 무형문화재 제18호) 씨와 아들 황규욱 씨 내
외에 의해 내림솜씨를 이어가고 있다.

　문경 호산춘은 멥쌀과 찹쌀 각 1말, 누룩 6kg, 양조용
수 2말, 그리고 생솔잎 1말이 주원료의 전부이다. 먼저 밑
술을 담는데, 멥쌀을 가루내어 백설기를 찔 때 시루 바닥
에 솔잎을 1/3 정도로 깐다. 다음에 백설기와 거칠게 빻은 누룩

호산춘 제품

을 끓여서 식힌 물과 함께 섞어 버무리는데, 메주를 쑤듯이 하
여 어린아이 머리 크기로 덩어리를 지어 항아리에 안친 다음, 7일간 발효시킨다.
덧술은 찹쌀을 솔잎과 켜켜로 안쳐 고두밥을 짓고 차게 식혀 물과 함께 밑술에
합하고, 고루 버무려 20일 가량 발효시킨다.

　따라서 전통주 가운데 드물게 밑술용 백설기와 덧술용 고두밥을 찔 때 가향재
로 솔잎을 넣는다는 점과 끓인 물을 사용한다는 점, 또 밑술을 메주 쑤듯 덩어리
를 지어 안친다는 점이 다른 전통주와의 차이점이자 문경 호산춘만의 특징이라
할 수 있다.

　그런데 문경 호산춘은 『임원십육지』, 『산림경제』, 『양주방』, 『치농』 등 문헌에
수록된 호산춘(壺山春)과는 그 표기가 다름을 알 수 있는데, 이는 황규욱 씨가 문
경 지방이 산수가 좋은 지역이라는 사실에 착안, '壺山'을 '湖山'으로 개명한 까
닭이다.

　문경 호산춘은 마치 황국(黃菊)을 우려 놓은 물처럼 담황색을 띠면서도 맑다.
코 끝을 자극하는 솔잎 향기가 가히 일품이다. 더욱이 찹쌀을 넣고 물을 적게 넣
는 까닭에 끈적끈적할 정도로 진기가 돌며, 부드럽게 넘어가는 술이다. 옛사람들
이 이 술을 '망주(亡酒)', '호선주(好仙酒)' 등 여러 이름으로 불렀던 것도 이 때
문인 듯하다.

김천 과하주

경북 김천 지방의 전통사찰 직지사 초입에 과하주(過夏酒) 제조장이 있다. 과하주란 『규합총서』나 『양주방』 등 옛 기록에 "봄, 여름 사이에 빚어 마시는 술로, 갈증을 씻어 주어 한여름도 거뜬히 날 수 있다"고 했고, "한여름의 무더위를 넘겨도 변하지 않는 술"이라 했다. 또 "혈액순환을 돕고 적당량을 장복(長服)할 경우 신경통에 좋은 술"로도 소개하고 있다.

그런데 이들 문헌의 과하주는 혼양주라는 점에서 김천 과하주와 다르다. 김천 과하주는 전통 청주로, 김천시 남산동에 '금릉주천(金陵酒泉)'이란 공동 우물이 있어 이 우물물로 빚은 데서 술 이름을 빌어 왔다고 한다. '금릉주천'은 이 지방 사람들에게 과하주천(過夏酒泉)으로 불려지고 있으며, 이 샘에 대한 여러 가지 설화가 전해지고 있는데, 그 중 "과하주천은 임진왜란 때 명(明)의 원병(援兵) 수장(首將)이었던 이여송이 김천 지방을 지나다가, 이곳의 샘물 맛을 보고 '중국 금릉에 있는 과하천의 물맛과 같다' 하여 샘 이름을 금릉주천으로 불렀으며, 그 샘물로 빚은 술이라고 해서 과하주로 부른다"는 유래를 으뜸으로 친다.

과하주(오른쪽 아래)의 양조용수로 쓰이는 금릉주천(오른쪽 위)과 벽면의 표석(왼쪽)

김천 과하주에 대한 기록으로는, 금릉군사(金陵君史)인 『금릉승람(金陵勝覽, 1902)』, 『조선주조사(朝鮮酒造史, 1935)』와 일본 서적인 『주조독본(酒造讀本, 1938)』에 보이고 있으며, 옛날 궁중의 공물(貢物)로 진상했을 정도로 상류층에서 귀빈 접대용으로 내놓은 술이다. 또 삼해주, 소곡주처럼 저온 발효시킨 술이라는 점에서 보통 술이 아님을 알 수 있다.

김천 과하주는 경상북도 무형문화재 제11호로, 고 송재성 씨에 의해 고증을 바탕으로 재현한 이후, 이 지방의 전통주로 자리매김하고 있다. 현재는 송재성 씨의 아들 송강호 씨가 그 기능을 이어받아 대중화에 박차를 가하고 있다.

과하주는 누룩을 과하천 물에 담가 수곡을 만들고, 과하천 물에 씻어 불린 찹쌀을 고두밥 지어 국화잎이나 솔잎 위에 널어서 식힌 뒤, 떡메로 쳐서 누룩물과 섞어 술을 빚고, 밀봉하여 비교적 서늘한 곳에서 3개월간 발효 숙성시킨다.

코 끝에 풍기는 국화 향기와 혀 끝을 감싸 안은 듯한 감칠맛을 주는 과하주는, 특히 곡주 특유의 투명한 황갈색으로 구미를 자극하는데, 찹쌀로 빚은 까닭에 끈끈할 만큼 진한 것이 특징이다.

발효중인 술덧에 도봉을 하고 있는 기능보유자 송강호 씨 김천 과하주 저온숙성실에서 오랜 시간 숙성한 후 출고한다. 국화 향기와 함께 투명한 황갈색으로 구미를 자극한다.

달성 하향주

경북 대구광역시 달성군 유가면 소재 비슬산 기슭에는 유가사(瑜伽寺)라는 절이 있는데, 신라 때 이곳 유가사의 '도성암' 이란 암자가 소실되어 복원공사를 하던 중 이 절의 스님이 직접 빚어 인부(人夫)들에게 마시게 했다는 술이 지금까지 전해오고 있는데, 그 술이 경북 달성 하향주(荷香酒)의 유래이다.

이후 조선조에 이르러 임진왜란이 일어나면서 천연요새였던 이곳 비슬산에 군(軍)의 주둔지가 생겨났는데, 후일 장수(將首)가 하향주의 독특한 맛에 반해 임금께 진상하였던바, 광해군은 하향주의 특별한 맛과 취향(醉香)을 극찬하면서 '천하명주' 라 이름 하여, 그 후로 매년 10월이면 수라상에 올랐다고 전해지는 술이다.

그러나 『규곤시의방』, 『주방문』 등 여러 고서에 수록되어 있는 하향주와는 여러 면에서 상당한 차이가 있는 것으로 미루어, 달성 지방의 하향주는 토속주로서 상당한 명성을 얻었던 것이라고 하겠다.

달성 하향주의 방문을 보면 그 답을 찾을 수 있는데, 먼저 밑술은 찹쌀로 흰죽을 묽게 쑤거나 백설기를 쪄서 식혔다가 물, 누룩가루를 함께 섞고 잘 버무려서 항아리에 안친다. 7~8일이면 발효가 끝나므로 덧술을 안친다. 덧술은 찹쌀과 누룩 각 1말, 물 1.5~2말이 소용된다. 찹쌀로 고두밥을 짓는데, 이때 시루밑 물에 약쑥과 국화 등의 약재를 넣는다. 고두밥은 차게 식혀서 준비된 누룩과 물, 발효가 끝난 밑술을 함께 섞고 잘 치대어 항아리에 안친다.

그리고 덧술을 약 15~17일 가량 1차 발효를 시켰다가, 다시 온도를 낮춰 15일 정도 숙성시킨다. 이렇게 해서 2차 발효가 이루어지면 항아리를 밀봉해서 뚜껑만 보이도록 땅에 묻고, 2개월 후에 항아리 가운데에 용수를 박고 하루 뒤에 떠내면 곧 하향주를 얻는다.

여기서 하향주의 특징을 찾을 수 있는데, 고두밥을 찔 때 시루밑 물에 약쑥과 야생국화 꽃잎, 인동초를 넣고, 덧술의 양조용수를 바로 이 시루밑 물을 식혀서

하향주와 관련한 전설이 전해 오고 있는 유가사 전경(위)

하향주 기능보유자 김필순 씨가 하향주를 떠내 보여 주
고 있다.(아래 왼쪽)

하향주 제품(아래 오른쪽)

사용한다는 점이다.

이 지역에서 유일하게 하향주의 맥을 이어오고 있는 사람은 고 박영수 씨의 처 김필순(90세) 씨로, 최근 대구광역시 무형문화재 제11호로 지정되었으며, 아들 박환희 씨와 더불어 상품화를 위한 준비를 서두르고 있다.

안동 송화주

예부터 안동 지방은 명문 세도가들이 많기로 유명한 고장이다. 안동 김씨를 비롯해 풍산 류씨, 안동 권씨, 안동 장씨 등 제각기 권세와 문벌을 자랑했던 까닭에, 아직까지도 각종 문화유적과 민속자료가 많이 남아 있다.

이 지방에 전통 가향주 송화주(松花酒)가 있는데, 지금도 가전 비법의 가양주로만 전해 오고 있다. 송화주 기능보유자인 김영한(경상북도 무형문화재 제20호) 씨의 남편 류승호 씨는 "드러내 놓고 자랑할 술이 아니라 제주로만 1년에 한두 번씩 소량으로 빚고 있는데, 집안 어른들이 술맛을 잊지 못해 가끔씩 들르고 자랑 삼아 이야기하여 소문이 나게 되었다"고 설명하고 있다.

〈송화주 빚기〉
숙성중인 송화주 술독. 술독 가장자리에 뚜렷한 테가 생기면 술이 다 익었음을 알 수 있다. → 술독에 용수를 꽂아 송화주를 걸러낸다. → 송화주의 재료가 되는 황국과 솔잎, 그리고 송화주

안동 송화주는 경북 안동시 임동면 수곡리에 사는 고 이숙경 씨가 기능보유자로 지정되었으나, 이 씨가 노환으로 생을 달리함에 따라 현재는 며느리 김영한 씨와 아들 류승호 씨가 송화주 계승을 위한 노력을 아끼지 않고 있다.

안동 송화주의 제조 방법을 보면, 밑술의 주재료로 누룩, 멥쌀과 찹쌀 5되씩, 물 8되, 솔잎과 황국 약간씩을 준비한다. 이어 멥쌀을 씻어 건져서 물기를 뺀 다음, 고두밥을 지어 차게 식거든 누룩과 물 8되를 섞어 밑술을 안친다. 밑술 독은 이불로 싸서 2~3일 발효시킨다. 덧술은 나머지 멥쌀과 찹쌀을 섞어 깨끗이 씻어 불렸다가 고두밥을 짓는데, 이때 솔잎을 시루떡 안치듯 켜켜로 넣고 고두밥이 다 쪄지면 차갑게 식혀서 황국과 함께 밑술에 넣고 잘 섞어 준다. 덧술 안치기가 끝난 술독은 보자기로 덮고 이불로 싸서 두었다가 5~7일이 지나면 이불을 벗기는데, 이때의 술은 술바탕이 완전히 가라앉고 골이 지면서 술독 가장자리에 뚜렷한 테가 생긴 것으로 보아 술이 다 익었음을 알 수 있다.

이러한 송화주는 쌉쌀한 솔잎 성분과 함께 국화 향기가 어우러져 가을 분위기를 즐기기에 아주 적격이라고 할 수 있다.

안동 소주

소주가 우리나라에 유입된 시기를 1335년경으로 추정하고 있는데, 소주가 정착되면서 처음에는 약으로 사용하였고, 사대부나 부유층을 중심으로 마시기 시작하던 것이 점차 일반으로 확산되어, 저마다 약식으로 소주를 빚어 마실 정도로 인기를 누리게 되었다. 이는 소주의 깔끔하고 청렬(淸冽)하면서도 깨끗한 뒷맛 때문이었다고 한다.

소주의 유입 경로를 몽고가 고려를 침략한 시기로 본다. 이때 안동, 개성, 제주에는 몽고군의 군사주둔지가 들어섰고, 이후 이들 세 지방은 각기 소주의 명산지로 이름을 얻었으며, 그 중에서도 안동 지방의 소주를 최고로 쳤다고 한다.

안동 지방의 소주가 유명해진 배경으로, 이 지역 특산품인 마(麻) 잎으로 초취

안동 소주 제품

〈안동 소주 빚기〉
안동 소주 기능보유자 조옥화 씨가 며느리와 함께 고
두밥을 식히고 있다. → 고두밥과 누룩, 물을 섞어 술
밑을 빚는다. → 술밑을 걸러 가마솥에 안친다. → 조
옥화 씨가 소줏고리에서 받은 안동 소주의 맛을 보고
있다.

(草臭)를 낸 독특한 누룩과 좋은 물을 들 수 있다.

안동 소주를 잔에 따라 놓으면 마시기 전에는 고량주 같은 향취가 느껴지는데, 입 안에 들어가면 목젖이 알알할 정도로 화끈하다가, 마신 후에는 재래식 소주 특유의 은은한 향기가 오래도록 남는다. 현재의 안동 소주는 조옥화(경상북도 무형문화재 제12호) 씨가 정부의 전통주 개발정책에 힘입어 1986년부터 친정에서 대대로 만들어 오던 가양주 비법 그대로 재현한 것으로서, 알코올 도수가 45도나 되는데도 안동 지방 사람들로부터 '비교적 옛 맛과 향취를 간직하고 있다'는 호평을 얻고 있다. 또한 속병을 앓을 때 한 잔 마시면 속이 가라앉고 화상에도 효험이 있다고 전한다.

안동 소주는 먼저 멥쌀로 고두밥을 짓고 식으면 분쇄한 누룩과 물을 3:1:2의 비율로 섞고, 고루 비벼서 만든 술밑을 술독에 넣고 보름간 발효시키면 감칠맛 나는 술밑이 된다. 이 술밑을 체에 걸러 솥에 넣고 소줏고리를 얹은 다음 불을 지펴 열을 가하면 귓대를 통해 맺힌 소주 방울이 흘러내린다. 소주를 내릴 때 가장 힘이 들고 신경 쓰이는 일이 불땀을 조절하는 것으로, 불이 약하거나 세면 제대로 된 안동 소주의 맛을 낼 수 없다고 한다.

제주도

제주도 지방은 해촌(海村), 양촌(良村), 산촌(山村) 등 지형의 특색에 따라 독특한 문화를 형성하고 있다. 고기를 잡거나 잠수어업으로 해산물을 얻는 해촌과 농업을 주로 하는 양촌, 산을 개간하여 농사를 짓거나 한라산에서 나는 버섯과 고사리 등 갖가지 산나물을 이용하는 산촌의 식생활은 육지의 여타 지역과 많은 차이를 보인다.

농토가 좁아 쌀보다는 보리와 조 등 잡곡과 콩, 팥, 녹두, 깨, 감자, 고구마 등

제주에서 유일하게 김을정 씨(아래)의 오메기술을 시음할 수 있는 쉼팡음
식점(위)

이 많이 산출되어 다양한 주식이 발달했다.

특히 해산물의 산출이 많아 이들 자연 재료가 갖는 고유한 멋을 그대로 살리는 조리법이 특징으로, 부지런하고 소박한 주민들의 성품이 음식에도 잘 나타나고 있다.

현재까지 맥을 이어오고 있는 제주도 지방의 전통주는 다른 지방에 비해 그 종류가 현저하게 적은데, 조와 보리를 이용한 오메기술(청주, 탁주)과 좁쌀 약주(탁주), 제주 소주가 토속주로서 명성을 얻고 있으며, 오메기술과 이 술을 증류한 고소리술이 무형문화재로 지정 관리되고 있다.

제주 오메기술, 고소리술

'탁배기' 라고도 불리는 오메기술은 차조로 담근 제주도 고유의 토속주이다. 탁주로는 특이하게 약간 붉은빛이 돌며, 입에 착 달라붙는 감칠맛이 일품으로 뱃

〈오메기술 빚기〉

차조가루를 익반죽한다. → 익반죽한 차조가루로 오메기떡을 빚는다. → 오메기떡을 삶는다. 다 익으면 오메기떡이 떠오른다. → 오메기떡을 으깨어 죽을 쑨다. → 죽에 누룩가루를 넣고 한참 치대어 술밑을 만든다. → 발효가 끝난 오메기술. 술밑을 빚어 7~10일 정도 익히면 오메기술을 얻으며, 이것을 증류하면 고소리술이 된다.

속을 든든하게 해주어 제주도민들이면 누구나 선호하는 술이다.

탁주를 빚을 때는 찹쌀이나 멥쌀을 사용하는 것이 일반적이다. 그런데 쌀이 넉넉하지 못했던 제주도에서는 산출량이 비교적 많은 차조로 오메기떡을 빚어 손님을 접대하기도 하고, 여유가 있는 집안에서는 이 오메기떡을 이용하여 술을 빚는데, 술이 익으면 청주를 떠서 제주(祭酒)와 손님 접대에 사용하고, 막걸리를 걸러서는 농주로 애용했다.

오메기술은 한 독에서 청주와 막걸리를 함께 얻는다. 차조가루로 만든 오메기떡을 뜨거울 때 치대서 죽을 만들고, 여기에 줄보리(맥주보리)로 만든 누룩가루를 섞어 술밑을 빚어서 7∼10일 정도 익히면 오메기술을 얻는다.

오메기술은 표면에 기름기가 도는데, 위에 말갛게 고인 적은 양의 청주는 살짝 떠내 제주로 쓰고, 남은 술덧에 적당량의 물을 타면 걸쭉하면서도 마시기 좋은 상태의 탁배기가 된다.

곡주 특유의 향기와 함께 약간 새콤하면서도 부드러운 맛이 나는 오메기술은 제주도 무형문화재 제3호로, 그 기능을 보유하고 있는 김을정 씨에 의해 빚어지고 있다.

요즘 제주도에서는 좁쌀로 만든 가짜 오메기술이 유통되고 있어, 제주도를 찾는 관광객들에게 실망을 주는 사례가 늘고 있는데, 제대로 된 오메기술을 맛보려면 성읍민속마을 김을정 할머니의 집을 찾아야 한다.

또한 제주 지방의 토속주로 '고소리술'이 널리 알려져 왔는데, '고소리'란 소주를 증류하는 데 사용하는 '고리' 곧 소줏고리를 지칭하는 제주 지방의 방언이다. 따라서 고소리술이란 '소줏고리를 이용하여 증류한 소주'라는 뜻이다.

고소리술은 오메기술을 고소리로 증류한 재래식 소주로서, 이 술 또한 김을정 씨가 그 기능을 보유하고 있으며, 술 빚는 법과 증류하는 법에 있어서는 여느 증류식 소주와 다를 바가 없다. 다만, 조를 원료로 한 전통주들이 그렇듯이 고소한 듯하면서도 화한 맛이 조화를 이루어 부드러운 향취를 준다.

이북 지방

유전선을 경계로 하는 이북 지방은 황해도와 평안도, 함경도 지방으로 나뉘는데, 해방 이후 갈 수 없는 땅이 되었다. 북쪽의 곡창지대라 할 수 있는 황해도는 비교적 쌀 생산량이 많고 잡곡의 질도 좋은 편이라 시원하고 담백한 맛을 즐기며, 인심이 좋아 구수하고 소박한 것을 좋아한다.

평안도 지방은 기후가 춥고 산세가 험하지만 들판이 넓어서 쌀 생산량도 많은 편이다. 밭농사가 주를 이뤄 보리와 조를 많이 생산한다. 중국과의 교류가 잦은 관계로 성품이 진취적이고 대륙적이며, 음식은 푸짐하고 크게 만들어 먹는 습관으로 서울 음식과는 대조를 이룬다. 곡물은 가루로 만들어 먹는 식습관이 있어 국수와 면을 즐긴다. 또 음식의 간은 싱거운 편으로 맵고 짜게 먹는 일이 드물다. 이는 추운 날씨 때문으로 여겨진다.

함경도 지방은 지리적으로 가장 북쪽에 위치하고 있어 가장 추운 기후를 나타내므로 벼농사가 적당치 못하다. 밭농사 중심의 잡곡이 많이 산출되며 여기에서 얻어진 콩, 조, 수수, 옥수수, 피, 메조, 차조, 기장 등 농산물을 주식으로 한다.

이 지방의 농산물들은 밤낮의 기온차가 크기 때문에 곡식이 차지며 맛도 좋아 녹말을 만들어 냉면이나 국수를 만들어 즐긴다. 음식은 대체로 짜지 않고 담백하며 고추, 마늘 등은 강하게 많이 사용하는 편이다. 때문에 시원스럽고 야성적이며 장식이나 기교보다는 단순하고 소박한 맛을 즐긴다.

이북 지방의 전통 민속주로는 감홍로(혼성주)와 벽향주(청주), 개성 소주(소주)가 대표적이나 지금은 맥이 끊긴 것으로 전한다.

조선시대 4대 명주 가운데 하나인 감홍로(재현) 3회 증류한 고도주에 지초를 이용하여 착색시키고 꿀을 넣어 맛을 부드럽게 한 술(혼성주)이다.

전통주 빚기의 기본

20년 가까이 우리 전통주를 연구하면서 '어떻게 하면 가장 간편하고 손쉽게 술을 빚을 수 있을까' 하는 생각에 골몰해 왔다. 빵이나 과자처럼……. 그렇다고 제빵, 제과가 손쉬운 일이라는 것은 아니다. 어떻든 갖가지 방법을 동원해서 보다 대중화할 수 있는 길을 찾고자 하였으나, 모로 가면 갈수록 힘들고 어려운 일이 술 빚는 일이란 걸 깨닫고부터는 원칙과 기본에 충실하고자 노력해 왔다.

전통주를 빚는 데 필요한 재료와 도구들 술은 발효음식으로서 잡균이나 불순물로 인해 오염으로 술맛을 그르치게 되므로 필요한 재료나 도구들은 청결하게 관리하여야 한다.

여기 소개한 방법은 그 일부에 그친 감이 없진 않으나, 가장 기본적이면서도 모든 술 빚기에 적용된다고 할 수 있다. 따라서 전통주를 빚고자 한다면, 누구라도 가능한 한 다음의 방법을 지킬 필요가 있다.

특히 초보자라면 처음의 습관을 잘 들여야 하므로 유념해야 할 일이고, 또 한두 번의 경험을 가졌거나 자신만의 방법으로 술을 빚고 있는 사람이면, 자신의 방법과 차이를 분석해서 참고할 일이다.

물론, 다음의 방법이 절대적이라고는 할 수 없다. 그간 500여 종의 술 빚기를 통해서 체득한 필자 나름의 지론(持論)을 펼치는 것이므로, 이론(異論)이 있을 것임은 분명하다. 그러나 필자가 18년 동안 전국을 조사하면서 현재 행해지고 있는 130여 종의 전통주 빚기와 그간 단절되고 맥이 끊긴 채 문헌상으로만 전해 오는 600여 종의 전통주 가운데, 재현과 반복 실습을 통해 그 방법을 찾은 400여 종의 전통주에 대한 기록과 경험을 토대로 하여 작성한 것으로, 우리 고유의 술맛 특히 향기를 살리는 데 중점을 두고 있다는 사실을 밝혀 두고 싶다.

술 빚기의 시작과 끝

술 빚는 사람의 마음자세

술을 빚는 사람에 따라 그 맛과 향, 마실 때의 느낌이 달라진다고 하면 의아해할지도 모른다. 그러나 실제로 술을 빚는 사람의 마음자세가 술맛을 내는 데 결정적인 역할을 하기도 한다.

성급한 사람이 술을 빚으면 그 맛이 독하고 박하다. 깊은 맛 또한 없어진다. 반면, 느긋한 사람이 빚은 술은 부드럽고 향기롭지만 술이 싱거워진다. 개인적인 얘기지만, 필자처럼 급한 성격의 소유자도 드물 것이다. 그런데 술을 알기 시작하면서 급한 성격도 조바심치는 일도 없어졌다.

사람들은 필자가 빚은 술을 맛보고는 '술이 달고 향기롭다'고 한다. 그만큼 여유를 갖게 되고 차분해졌다. 술이란 자기 성격대로 다룰 일이 아니란 걸 깨달았기 때문이다.

여유를 가질 일이다. 느려 터진 성격도 문제가 있지만 조급한 마음은 더욱 안 된다. 특히 젊은이들에게서 자주 느끼는 것으로, '하루아침에 뭔가 이루겠다'는 생각을 버려야 한다. 그래야 술 빚는 법도 자연스럽게 터득하고, 맛 좋은 술이 빚어진다는 사실을 명심하자.

잘 띄운 누룩

맛있는 술, 좋은 술을 빚기 위해서는 미리 준비해 두어야 할 것들이 있는데, 제 때에 맞추어 잘 띄운 좋은 누룩이 있어야 한다.

누룩은 한여름에 띄우는 것이 정설로 되어 있는데, 사실 가을철에 띄운 누룩이 품질이 더 좋다. 누룩은 가급적 오랜 시간 발효, 숙성시킨 것이라야 술이 잘 된다. 그리고 잘 띄운 누룩이라도 반드시 '법제(法製)'라는 과정(149쪽 참고)을 거쳐야 한다.

법제는 술의 품질을 좌우한다. 전통주니 민속주니 하는 우리 술의 단점이 술에서 누룩 냄새(곰팡이)가 나고 술 빛깔이 맑지 못하다는 것이다. 잘 법제된 누룩으로 술을 빚을 경우, 술에서 나는 곰팡이 냄새가 적고 술 빛깔도 맑아진다. 이런 점에서 누룩의 법제는 반드시 필요한 일로 특히 강조된다.

주재료 씻고 익히기

술 빚는 일에 있어 주재료의 청결도와 익히는 정도는 발효에 직접적으로 영향을 미친다. 옛날에는 벼가 자라고 있는 논에서부터 술 빚을 쌀을 골랐지만, 지금은 사정이 여의치 않으므로 사다 써야 한다. 그런 만큼 재료는 깨끗이 씻어서 사용해야 한다. 그리고 그 재료는 잘 익혀야 하는데, 그러기 위해서는 적당한 시간

잘 띄운 좋은 누룩 누룩은 가급적 오랜 시간 발효, 숙성시킨 것이라야 술이 잘 된다. 그리고 잘 띄운 누룩이라도 곰팡이와 잡균, 나쁜 냄새를 제거하는 '법제' 의 과정을 반드시 거쳐야 한다.

을 두고 불려서 사용해야 한다는 걸 잊지 말자. 또 잘 익힌 재료는 반드시 차게 냉각시킨 후에 사용해야 한다. 술은 온도의 높고 낮음에 따라 발효 상태가 달라진다. 발효가 빨리 진행되는 이유 가운데 하나가 재료의 온도가 기본적으로 높았을 경우로서, 결코 좋은 맛과 향기를 느낄 수가 없다.

물의 선택

예부터 '물맛이 술맛을 좌우한다' 고 하여 좋은 물을 찾는 데 신경을 썼다. 하지만, 요즘은 좋은 물을 찾기가 여간 어렵지 않다.

가정에서는 정수기물이나 슈퍼에서 파는 생수를 사다 이용하면 무난하다. 부득이하면 수돗물을 끓여서 빚어도 괜찮고, 그것도 여의치 못하면 수돗물을 받아두었다가 사용해도 된다.

무엇보다 술 빚기에 좋은 물은 찬물이며 위생적이라야 한다. 가능한 맑고 차고 깨끗하면 술 빚기에 좋은 물이라고 할 수 있다.

술 빚는 그릇과 도구 관리

술 빚는 그릇과 도구들은 매우 깨끗하게 하여야 발효시 먼지나 불순물, 기타 잡균으로 인한 오염을 막을 수 있다.

술은 발효음식으로서 잡균이나 불순물로 인한 오염은 발효를 저해하고, 술맛을 그르치게 되므로 청결하게 유지하여야 한다. 그 외 술 빚는 사람의 손과 옷(복장) 등의 청결에도 각별히 신경을 써야 한다.

화장(化粧)을 한 손이며 다른 음식을 만졌던 기름기 묻은 손으로 술을 빚는다는 것은 있을 수 없다.

술그릇(술독) 선택

술그릇은 흙으로 빚은 오지독이 그만인데, 술을 빚었던 독이라 할지라도 매번 깨끗이 씻어 소독을 해서 사용해야 한다.

여분의 오지독이라고 해서 다 좋은 것은 아니다. 김치, 장, 소금, 젓갈을 담갔던 독은 가능한 한 사용하지 않는 것이 좋고, 부득이할 경우 여러 차례 물을 갈아주어 소금기나 나쁜 냄새를 오랫동안 우려낸 것이라야 한다. 또한, 독을 잘 씻었다고 하더라도 물기 없이 고르게 건조시킨 후, 볏짚이나 솔가지를 이용하여 연기나 수증기로 소독하여 사용하는 것이 좋다.

온도 유지

술은 발효음식으로 발효에 적정한 온도를 얼마나 잘 유지해 주느냐에 따라 맛과 향, 그리고 술의 품질이 달라진다.

옛날 우리 어머니, 할머니들이 술을 안친 독을 두터운 솜이불로 싸매서 구들방 아랫목에 앉혀 두고, 그 방에는 아무나 드나들지 못하게 했던 까닭도 술이 익어갈 때 방 안의 온도 유지를 위해서였다. 그리고 때가 되면 찬 곳에 내놓거나 찬 바람을 쐬어 주어 주변의 온도 변화로 인한 재발효와 산패에 힘썼다. 따라서 술은 발효의 진행 속도, 숙성 정도, 저장 등 단계에 따라 적정 온도를 일정하게 유지해 주는 것이 그 비결이고, 술 빚는 사람이 할 일이라고 하겠다.

술을 빚을 때 이상 여섯 가지를 갖추어야 한다고 하여 소위 '육재(六材)'를 강조했는데, 여기에 더하여 맨 앞에 언급한 '마음자세'가 첫째로 갖추어야 할 덕목(德目)이다. 술 빚는 사람의 마음자세가 바르지 못한 데서, 제대로 된 맛이 우러날 리 없고, 설사 술이 되었다고 하더라도 그 술을 마시고 취흥(醉興)을 얻을 수 있을까 싶기 때문이다. 술은 술을 빚는 사람의 정성을 마시는 것이기 때문이다.

누룩 준비

밀 등의 곡물에 적당한 수분을 가한 다음, 따뜻한 곳에 방치하면 공기중의 효모와 누룩곰팡이가 활착(活着)하여 증식(增殖)을 하게 된다. 따라서 이들 효모와 누룩곰팡이가 잘 자랄 수 있도록 최상의 환경을 조성해 주고, 그 결과 다량(多量)의 우수한 성질의 효모와 누룩곰팡이가 번식해 있는 것을 누룩이라고 한다. 이것은 술을 빚는 데 발효제로 이용된다.

누룩의 재료로는 밀〔小麴〕을 비롯하여 보리〔大麥〕, 쌀〔米〕, 녹두(綠豆) 등이 사용되며, 그 중 밀이 가장 많이 이용되고 있다. 그 이유는 밀누룩이 다른 것에 비해 발효가 잘 되고 술의 풍미가 좋기 때문이다.

전통주는 좋은 재료와 물 못지않게 얼마나 잘 띄운 누룩을 사용하느냐가 중요하므로, 좋은 누룩을 만드는 일에 정성을 다해야 할 것이다.

누룩 만들기

[재　료] 통밀(재래종) 1말, 물(생수) 2되
[준비물] 누룩틀 1개, 면보자기 1장, 자배기, 중간체, 바가지,
　　　　물동이

1 디디기

01 통밀을 깨끗이 씻어 볕에 바짝 말린 다음, 맷돌에 타거나 절구로 찧어 거친 가루를 만든
다(방앗간에 가져가 2회 정도 탄다).

02 자배기를 받치고 체를 이용하여 희고 고운 밀가루를 30% 정도 제거한다(밀가루를 제거
하지 않아도 된다).

03 준비한 물을 조금씩 뿌려 가면서 밀가루와 물을 골고루 잘 섞어 준다.

04 손으로 쥐어 보아 반죽이 풀어지지 않고 뭉쳐질 때까지 힘껏 치댄다.밀가루 반죽이 손
에 묻지 않고 잘 뭉쳐지되, 손바닥에 물기가 느껴지지 않으면 반죽을 끝낸다.

05 베보자기를 물에 적신 다음 힘껏 짜서 물기를 제거한다. 그런 다음 누룩틀을 바닥에 놓
고, 그 위에 베보자기를 펼쳐서 누룩틀 안에 넉넉하게 깔아 놓는다.

06 밀가루 반죽을 한 주먹씩 뭉쳐서 누룩틀 안에 단단히 다져 넣는데, 누룩틀 높이보다 올라
   오게 채운다.

07 베보자기 끝을 모아 올려서 새끼처럼 꼬아 한가운데로 오게 한 뒤, 끝이 풀리지 않게 손
   으로 잡고 누룩틀을 뒤집는다.

08 바닥의 베보자기가 겹치지 않도록 눌러 펴주고 올라가서 발로 단단히 밟는다. 누룩 반죽
   이 더 이상 다져지지 않으면 누룩틀을 다시 뒤집어 놓은 뒤 누룩틀 밑에 자그마한 받침을
   놓고 누룩틀의 네 귀퉁이를 잡고 힘껏 눌러 준다.

09 누룩 반죽이 누룩틀에서 빠졌으면 베보자기 끝을 풀고 벗겨낸다. 누룩 반죽의 모서리를
   손으로 문질러 보아 부스러기가 생기지 않으면 잘 디뎌진 상태이다.

누룩 띄우기

[재　료] 잘 디뎌진 누룩
[준비물] 볏짚 2단(또는 말린 쑥대 2단), 종이박스 2개

2 띄우기(발효)

01 종이박스 안에 볏짚(쑥대)을 두텁게 깔고, 그 위에 누룩 반죽을 서로 닿지 않게 놓는다.

02 누룩 반죽의 사이사이와 위에 볏짚을 두텁게 깔고, 그 위에 다시 누룩을 놓는 방법으로 누룩과 볏짚을 가득 채운다.

03 종이상자는 뚜껑이 열리지 않도록 하여, 따뜻한 아랫목이나 햇볕이 잘 드는 곳에 비닐을 깔고 그 위에 올려 놓는다.

04 얇은 이불이나 비닐로 씌워서 21~30일 가량 띄우는데, 2~3일 간격으로 바꿔 쌓기(위의 것은 중간으로, 중간 것은 맨 아래로, 맨 아래 것은 맨 위로 가도록 자리를 바꿈)를 해준다.

05 띄우기를 시작하여 2~3일 간격으로 바꿔 쌓기를 해주기 위해 박스를 열면, 후끈한 열기와 함께 곰팡이 냄새가 심하게 나고, 단단하던 누룩이 부풀어 있거나 물렁해진다.

06 바꿔 쌓기는 똑같은 방법으로 7회 정도 계속한다.

07 바꿔 쌓기를 하다보면 5와 같은 과정이 몇 번 반복된 다음, 누룩이 단단해지고 후끈하던 열기도 식는다. 표면에 하얗거나 누르스름한 곰팡이가 피어 있으면 잘 뜬 것이다.

08 21~30일이 지나서 누룩을 햇볕에 내놓아 2~3일간 바짝 말리되, 표면의 곰팡이는 솔로 털어 준다. 완전히 건조되었다고 판단되면 거둬들이고 건조한 곳에 보관해 두었다가 사용한다.

법제

법제는 누룩에 붙어 있는 곰팡이와 잡균, 나쁜 냄새를 제거하는 과정이다.

01   누룩을 방망이나 망치를 사용하여 잘게 부순다.

02   돗자리나 멍석 위에 펼쳐서 바람이 잘 통하고 햇볕이 잘 드는 곳에 내놓아 건조시킨다.

03   2와 같이 하기를 2~3일간 계속하는데, 밤에도 거둬들이지 말고 이슬을 맞힌다(도시에서는 밤에 거둬들일 것).

04   이와 같은 과정을 계속하게 되면 바람에 의한 건조와 햇볕에 의한 표백과 탈취가 일어나고, 자외선에 의한 잡균의 살균 효과를 얻을 수 있다.

05   밤에 이슬을 맞히는 것은 적당한 수분을 침투시켜서 누룩 속의 누룩곰팡이를 증식시키기 위한 방법으로서, 낮에 햇볕과 바람에 의해 수분은 제거되므로 누룩이 썩지는 않는다.

06   법제는 자주 할수록 효과가 크며, 매번 술 빚기 2~3일 전에 실시하는 것이 좋다.

술(청주) 빚기

[재　료] 멥쌀 2되 5홉(2kg), 누룩 5홉(250~300g),
　　　　물 3되(5.4ℓ)

[준비물] 솥, 술독, 자배기, 바가지, 주걱, 볏짚,
　　　　술독받침대, 이불

1 밑술

01 멥쌀 2되 5홉을 물에 잘 씻어서 불린 후 가루를 낸다.

❍ 쌀을 물에 담가서 한 번 헹궈낸 뒤, 다시 쌀이 잠길 정도만 물을 붓고 20분 정도 쉬지
않고 세게 비벼 준 다음, 맑은 물이 나올 때까지 헹군다. 이어 방앗간에 가져가 2회 정
도 빻는데 소금을 치지 않도록 한다.

02 물 3되를 솥에 붓고 따뜻해지면 쌀가루를 풀어 넣어 푹 퍼지게 죽을 쑤고, 하룻밤 재워
차게 식힌다.

❍ 죽은 팔팔 끓여서 푹 퍼지게 쑤어야 하고, 눌지 않고 쉬지 않고 저어 주면서 끓이도록
한다. 죽을 쑬 형편이 안 되면 시루에 안쳐서 설기떡을 찌는데, 떡이 다 쪄졌으면 고
루 펼쳐서 식히고, 준비한 물 3되에 풀어서 멍우리진 것이 없게 한다.

03 차게 식힌 죽에 좋은 누룩가루 5홉을 섞어 버무린다.

❍ 차게 식힌 죽이나 백설기에 누룩가루를 섞어 넣고 누룩가루가 완전히 풀어져서 덩어
리진 것이 없어질 때까지 손으로 힘껏 주물러 준다. 이를 술밑이라고 한다.

04 술독은 물에 깨끗이 씻어 건조시킨 후에 볏짚이나 깨끗한 종이를 태워서 나는 연기로
소독을 하는데, 불 위에 술독을 엎어서 가능한 한 연기가 많이 나도록 하여 그 연기로 술
독의 밑바닥이 뜨거워질 때까지 소독을 한다. 술독이 뜨거워졌으면 마른 수건으로 술독
안의 그을음을 깨끗이 씻어낸 다음 차게 식힌다.

05 술밑을 소독한 술독에 담아 안친 다음, 술독 주둥이나 안쪽에 묻은 자국을 깨끗한 화장지나 마른 수건으로 말끔히 닦아낸다.

06 삼베 보자기나 무명 보자기를 준비하여 술독을 덮고 고무줄로 벗겨지지 않게 동여 맨 다음 뚜껑을 덮는다. 술독을 앉힐 자리를 정하고 바닥에 각목이나 두꺼운 책을 깔고, 그 위에 술독을 앉힌다.

07 두터운 솜이불이나 오리털 이불로 술독을 싸매 준 다음, 실내온도 22~25℃ 정도에서 하루(24시간) 또는 하루 반나절 동안(36시간) 발효시킨다.

08 술을 안쳐서 발효에 들어간 지 하루(24시간)가 지나면 싸매 주었던 이불과 뚜껑, 베보자기를 벗겨내고 찬바람을 쐬어 준다. 이때의 실내온도(발효온도)는 22~25℃를 기준으로 한다.

　❂ 기준온도보다 낮으면 24~28시간 정도 지난 후에 찬바람을 쐬어 주고, 25℃ 이상이면 20~24시간이 지나서 찬바람을 쐬어 준다. 찬바람을 쐬어 주는 일을 '냉각시킨다'고 한다. 찬바람을 쐬어 주기 위해 술독 뚜껑을 열어 보면, 매운 냄새(CO_2)가 심하게 나고, 술독을 만져 보면 후끈거릴 정도로 따뜻하다. 또 술독 안에서는 CO_2가 밖으로 배출되느라 술덧 표면 전체에 걸쳐 수많은 공기방울이 터져 '쏴아' 하는 소리가 나는데, 마치 소나기 오는 소리와도 같다(단, 물이 적게 사용되는 술의 경우 공기방울은 보이지 않으나 심하게 매운 CO_2 냄새가 나고 술독이 따뜻하다).

09 찬바람을 쐬어 준 지 4~5시간(겨울 2~3시간)이 지나 술독이 밑바닥까지 차가워졌으면, 다시 원상태로 밀봉하고 이불로 싸매서 냉각시키기 전의 실내온도보다 낮은 장소로 술독을 옮겨 1~2일간 지낸다. 밑술을 안친 지 2~3일 지나면 완성된 것이므로 덧술을 준비한다.

　❂ 이때는 하루에 한 번 정도 술독을 열어 보아 술의 발효 상태를 살펴도 된다. 이 과정을 후발효(숙성·발효)라고 한다. 이 기간이 지난 후에는 CO_2의 냄새도 엷어지고 술독도 차가워지기 시작하여 마침내는 아무런 온도도 느낄 수 없게 된다.

술(청주) 빚기

[재　료] 찹쌀 5되(4㎏), 냉수 7주발(5.6ℓ)

[준비물] 밑술, 솥, 시루, 시루밑, 술독, 바가지,
　　　　 술독보자기, 이불, 술독받침대

2 덧술

01 찹쌀 5되를 앞서의 방법대로 백세(百洗)하여 물에 2~3시간 불렸다가 헹궈서 건져내고
시루에 안쳐 고두밥을 짓는다.

　🔴 고두밥을 무르게 푹 익히려면 처음에는 중간 불로 가열하여, 시루(찜통)에서 한 김이
　　나기 시작하면 5~10분 정도 기다렸다가 주걱으로 뒤집어 주고 찬물을 뿌려 준 다음,
　　물을 가장 센불로 가열하면서 뜸을 들이면 무르게 푹 익는다. 고두밥이 익었다고 판
　　단되더라도 직접 씹어 먹어 보고, 쫀득한 느낌이 들면 불을 끄고 퍼서 차게 식힌다.

02 돗자리나 멍석 위에 고두밥을 고루 펼쳐서 차게 식힌 뒤, 술 빚을 그릇인 넓은 자배기나
양푼에 담는다. 이때 국화나 솔잎, 진달래꽃 등을 넣어 빚으면 가향주(佳香酒)가 된다.

　🔴 찬물로 손을 씻고 손등으로 고두밥을 대보고, 차가운 느낌이 들면 차게 식은 것이다.

03 고두밥에 냉수 7주발(5.6 *l*)과 먼저 익혀 둔 밑술을 쏟아 붓고 고루 잘 섞이도록 치댄다.
이를 술 버무리기라고 한다.

　🔴 밑술과 덧술(고두밥)의 재료가 고루 혼합되도록 해 주어야 발효가 잘 일어나고 잡균
　　침입이나 외부로부터의 오염균에 의한 이상 발효와 산패를 억제시킬 수가 있다.

9

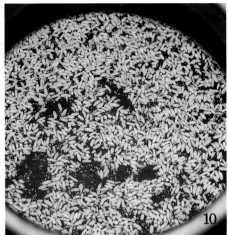

10

04 술 버무리기가 끝나면 소독을 마친 새 술독에 담아 안친다. 밑술 5와 같이 한다.

05 술독을 앉힐 자리를 정하고 바닥에 각목이나 두꺼운 책을 깔고, 그 위에 술독을 앉힌다. 〈밑술 참조〉.

06 두터운 솜이불이나 오리털 이불로 술독을 싸매 준 다음, 2~3일간 발효시킨다. 〈밑술 참조〉.

07 술을 안쳐서 발효에 들어간 지 이틀(48시간)이 지나면 싸매 주었던 이불과 뚜껑, 베보자기를 벗겨내고 찬바람을 쐬어 준다.(국화와 솔잎을 넣은 술덧의 모습)

   ❍ 이때의 실내온도(발효온도)는 22~25℃를 기준으로 하는데 기준온도보다 낮으면 48~54시간 정도 지난 후에 찬바람을 쐬어 주고, 25℃ 이상이면 42~48시간이 지나서 찬바람을 쐬어 준다.

08 찬바람을 쐬어준 지 4~5시간(겨울 2~3시간)이 지나 술이 밑바닥까지 차가워졌으면, 다시 처음 상태로 밀봉하고 이불로 싸매서 냉각시키기 전의 실내온도보다 낮은 장소로 술독을 옮겨 둔 채 7~5일간 지낸다.

09 술독이 차가워지면 하얀 고두밥알과 누룩찌꺼기가 위로 무수하게 떠올라 있고, 간헐적으로 공기방울이 올라와 터지는 것을 목격할 수 있는데, 떠올라 있던 고두밥알과 누룩찌꺼기가 다시 가라앉기 시작한다.

   ❍ 떠올라 있던 고두밥알과 누룩찌꺼기가 다시 가라앉고 고두밥알이 수면으로 떠올라 있으면 술독을 가장 찬 곳으로 옮겨 둔다.

10 몇 개씩 떠올라 있던 고두밥알과 누룩찌꺼기가 다 가라앉아 더 이상 보이지 않고, 공기방울도 더 이상 생기지 않을 때, 전혀 CO_2의 냄새가 느껴지지 않을 때가 술이 다 익은 것이다. 이 때에는 술독 한가운데에 용수를 박아 두었다가 이튿날 맑게 고인 술을 조심스레 퍼내면 청주를 얻을 수 있다.

술 거르기

전통주는 술을 빚은 사람이나 마실 사람이 어떤 형태의 술을 원하느냐에 따라 술을 뜨는 방법 또는 거르는 방법이 달라진다. 술은 한 가지인데 그 술을 빚은 사람이나 마실 사람의 선택에 따라 청주가 될 수도 있고, 막걸리 형태의 탁주가 되기도 한다는 것이다.

따라서 술을 거르는 사람이 맑은술을 원하면 용수를 술독에 박아 두었다가 그 안에 고인 맑은술을 조심스레 떠내면 청주가 되고, 더 이상 맑은술이 고이지 않으면 술덧에 찬물을 쳐가면서 체에 받쳐 찌꺼기를 제거하여 얻어진 술이 탁주(막걸리)이다.

이와는 반대로 술을 한꺼번에 걸러야 한다든지 걸쭉한 탁주를 원할 경우, 체에 받치거나 술자루에 담아 눌러 짜서 찌꺼기를 제거하면 된다. 또 양을 늘리고자 하거나 알코올 도수를 낮춘 막걸리를 원하면, 찬물을 쳐가면서 체나 술자루에 담아 압착하여 찌꺼기를 걸러낸다.

이때의 탁주나 막걸리는 '탁(濁)하다'는 의미에서 한 가지 술이긴 하나, 탁주는 오랜 시간 정치하여 두면 청주가 얻어지는 데 반해, 막걸리는 막걸리일 뿐이다. 막걸리는 '마구 거르다', '함부로 걸러내다'는 의미에서 유래된 탁주류의 한 가지이고, 탁주는 대표적인 전통주의 한 종류로 분류된다.

따라서 여기서 분명히 해둘 것은 탁주와 막걸리는 분명히 다르다는 사실이다. 탁주는 청주, 가향주, 약용약주, 증류식 소주, 혼성주, 혼양주 등과 같이 전통주를 분류하는 기준이 되는 반면, 막걸리는 탁주류의 한 가지일 뿐이라는 것이다. 또 전통적인 분류 방식으로 볼 때 탁주는 청주와 상대적으로 대비되는 개념의 주종 분류이지만, 막걸리는 탁주류 가운데 물을 타서 희석시킨 상태의 알코올 도수가 낮은 술이라는 사실이다.

〈청주 거르기〉

용수를 술독에 박으면 용수 안에 청주가 걸러진다. 처음에는 뿌옇지만 시간이 지나면서 맑아진다.

〈탁주 거르기〉

걸쭉한 탁주를 원할 경우, 술덧을 체에 받치거나(왼쪽 위)
술자루에 담아 눌러 짜서(왼쪽 아래) 찌꺼기를 제거하면
위 사진과 같은 탁주를 얻을 수 있다.

소주 내리기

불의 세기 조절

소주의 증류는 물과 알코올의 끓는 온도가 다른 차이를 이용하는 기술이다. 따라서 알코올이 물보다 낮은 온도에서 끓는다는 사실을 감안하면, 불의 세기가 적절해야만 알코올의 손실이 적고 양질의 소주를 얻을 수 있다.

불을 세게 해서 증류를 하면 솥 안의 물도 함께 증류되어 알코올 함량이 낮은 소주가 얻어지고, 더불어 술에서 탄 냄새 등 이취(異臭)가 심해지는 단점이 있다. 반면, 불의 세기를 약하게 하면 이취가 없고 맛과 향이 좋으면서 알코올 도수가 높은 소주를 얻을 수가 있어 좋긴 하지만, 상대적으로 소주의 양이 적기 때문에 비경제적이므로 불의 세기를 적절하게 조절하는 요령이 필요하다.

소주를 일컬어 '기주(氣酒)' 또는 '노주(露酒)'라고 하는 까닭도, 소주를 증류할 때 기화(氣化)한 알코올이 냉각되어 소줏고리의 귓대를 통해서 술이 '이슬처럼 방울방울 떨어져 내려오기' 때문이다.

결론적으로 불의 세기를 조절할 때 소줏고리의 귓대를 통해 떨어져 내리는 술방울이 독립적으로 떨어지지 않고, 그렇다고 해서 물줄기를 지어 흘러내리는 것도 아닌, 다시 말해서 방울방울 떨어져 내려오되 연속성을 띠는 상태라야 한다.

냉각수 교환

전통 증류주의 맛과 향, 수율(收率)은 증류 과정에서 얼마만큼 냉각 효과를 높이는가에 달려 있다고 해도 과언이 아니다. 알코올 도수가 낮은 발효주에 열을 가해서 기화(氣化)시키면 순도(純度)가 높은 알코올을 얻을 수 있는데, 이때 기화된 알코올을 다시 액화(液化) 상태로 만들어 모은 술이 증류주, 곧 소주이기 때문이다.

이때 기화된 알코올을 다시 액화 상태로 만들기 위해서는 얼음이나 드라이아

이스, 찬물이 필요한데 냉각수가 데워지기 전에 얼마나 잘 교환해 주느냐에 따라 얻고자 하는 수율, 즉 소주의 양이 달라지고 더불어 소주의 맛과 향 등 품질도 달라질 수 있다.

옛사람들의 기록을 빌면, '술 1동이(말)에 7~8되가 가장 좋다'고 한 것을 볼 수 있는데, 이는 냉각수가 더워지기 전에 자주 갈아 주어야 한다는 뜻으로 해석된다. 또한 『규곤시의방』을 보면, "새 물을 떠 드렸다가 푸고 즉시 부으면 소주가 가장 많이 나오고 좋다"고 한 것을 볼 수 있다. 여기에서 냉각수의 교환이 얼마나 중요한가를 알 수 있다.

원료주의 채주 및 여과

소주를 내리고자 할 때 어떤 술을 사용하는가는 증류할 술의 맛과 향, 알코올 농도에 따른 것으로, 바로 소주의 맛과 향 등 품질과 직결되는 문제이다.

증류할 원료주는 발효가 끝나 채주(採酒)하기 직전인 술덧의 상태 그대로 증류하는 방법을 비롯하여, 맑게 거르거나 별도의 여과지를 이용하여 여과한 술(청주)과 막걸리 형태의 탁주를 증류하는 방법이 있다.

술을 어떤 형태로든 거르지 않고 술덧째 증류하는 법은 소주의 양이 많아진다는 점에서 장점이긴 하나, 자칫 솥 안 바닥에 술 찌꺼기가 눌어붙거나 타서 술에서 탄 냄새가 나기 쉽다. 또한 그렇게 되면 소주의 빛깔이 붉어질 우려가 높다.

반면, 막걸리 형태로 거른 술은 앞서의 방법보다는 낫긴 하지만, 이 방법 역시 탄 냄새와 함께 술 빛깔이 탁해질 염려가 없지 않다. 막걸리를 증류할 경우, 특히 다음의 술 안치기 방법에 따르고, 솥 바닥에 술 찌꺼기가 눌지 않게 세심한 주의를 기울여야만 좋은 소주를 얻을 수 있다.

끝으로 증류할 술이 청주 형태의 맑은 술이면, 우선은 솥 바닥에 눌러붙을 염려가 없고, 비교적 알코올 도수가 높아 고품질의 소주를 얻을 수 있다는 점에서 선호된다.

소주 내리기

소주의 증류는 물과 알코올의 끓는 온도가 다른 차이를 이용하는 기술로,
불의 세기 조절과 냉각수 교환이 중요하다.

내리기

01 솥에 물을 한두 사발 붓고 가열하여 따뜻하게 한다.

02 준비해 둔 술을 한두 사발 부어 주고 가열하여 다시 따뜻해지면 서너 사발 정도의 물을 붓고, 술이 섞인 물이 따뜻해지기를 기다렸다가 여덟 사발 정도의 술을 붓고 섞어 준다.

03 솥 위에 소줏고리를 얹고 번을 붙인다.

04 소줏고리 끝에 귓대를 붙인다.

05 소줏고리 위에 찬 냉각수를 부어 준다.

06, 07 불의 세기를 조절하면서 귓대를 통해 흘러내리는 소주를 받아낸다.

08 오지로 된 술그릇에 담아 밀봉하고 6개월 정도 숙성시킨다.

따라서 술 안치기에 따른 원료주의 채주 방법과 여과 과정은, 증류시 불 세기의 조절이나 냉각수 교환에 앞서 선행되어야 할 중요한 과제이기도 하다.

안치기

소주를 내리는 데 있어서 최상의 목표는 맑고 깨끗하며, 향기가 좋고 알코올 도수가 높은 소주를 얻는 일이다. 이를 위해서는 불의 세기를 잘 조절하고 냉각수를 자주 교환해 주며, 그리고 무엇보다 좋은 술을 사용하는 것이 중요하다.

그럼에도 불구하고 증류된 술이 맑지 못하고 탁해지는 경우가 허다하다. 희뿌연 부유물이 술에 섞여 있는 이유는 무엇보다 원료주를 안칠 때 부주의한 탓이라고 할 수 있다.

좋은 소주를 얻기 위해서는 가마솥에 불을 지피고 솥 안에 증류할 술을 안칠 때, 맨 먼저 물을 한두 사발 정도 붓고 그 물이 따뜻해지면 한두 사발 정도의 술을 부어 준다. 이어 솥 안의 술과 물이 다시 따뜻해지면 서너 사발 정도의 물을 붓고, 또 술이 섞인 물이 따뜻해지기를 기다렸다가 여덟 사발 정도의 술을 붓고 섞어 준다.

이렇게 해서 솥 안의 물과 술이 따뜻해지면서 김이 나기 시작하면, 솥 안의 양만큼 술을 붓는 방법으로 추가할 술의 양을 늘려간다.

또 솥의 크기에 따라 달라지겠지만, 솥 안의 양만큼 술을 붓는 방법으로 술의 양을 늘려 나가되, 솥 크기의 80% 정도를 채우고 솥 위에 소줏고리를 얹고, 시룻번을 붙인 다음 소줏고리 위에 가급적 찬 냉각수를 부어 주는 것이 바람직한 방법이다.

숙성과 보관

우리의 증류식 소주를 비롯하여 위스키, 브랜디 등 어떤 종류의 증류주이든 그 성분에 있어서는 같다. 다만, 술의 원료가 무엇이냐에 따라 증류시 유리(遊離)

되는 향기성분(香氣性分)이 달라질 뿐이다. 그런데 우리의 소주와 양주가 맛이나 향에서 다른 것은, 숙성의 정도와 방법의 차이에서 기인하는 것이다.

서양의 위스키나 브랜디가 오랜 기간 지하 저장실의 오크통에서 숙성(熟成)되어 만들어진다는 사실은 상식(常識)처럼 인식되고 있는 반면, 우리의 전통주인 증류식 소주도 양주처럼 숙성, 저장한 후에 마시는 술이라는 사실을 알고 있는 사람은 드물다. 실제로 소주는 일정기간 숙성시킨 후에 마시는 것이 주독(酒毒)으로부터 벗어날 수 있을 뿐 아니라 맛이나 향 등을 좋게 하는 방법이다.

이처럼 증류식 소주를 숙성시키는 데는 고유(固有)의 방법이 있다. 자기(磁器)나 오지로 된 술그릇에 담아 밀봉한 후 비교적 온도가 일정한 토굴(土窟)이나 지하 창고 같은 장소에서 최소 6개월 이상 숙성시켜야 한다.

이와 같은 숙성과 저장은 오랜 기간을 거칠수록 소주의 독성(毒性)이나 이취, 거친 맛을 없앨 수 있으며, 양주처럼 술마다의 원료가 지니고 있었던 곡주 특유의 향을 살릴 수가 있다.

그러나 문제는 우리나라 전통주 생산업체의 대다수가 이러한 숙성과 저장에 따른 문제를 해결하기 위한 경제적 여건이 그리 좋지 못하다는 사실이다. 이는 전통주의 세계 시장 개척을 비롯하여 올바른 음주문화와 국민 건강의 측면에서도 유감(有感)이 아닐 수 없다.

소주의 이용

가정에서 소주를 이용하여 과실주나 약용주를 담그는 것을 보면 '귀한 재료만 버리고 있구나' 하는 생각을 떨칠 수가 없다. 처음 술을 담글 때에 어떤 용도로 사용하겠다는 목적이 있을 텐데, 담아 둔 상태를 보면 '이건 마시기 위한 것이 아니라 장식을 위한 술이구나' 하는 생각이 들기 때문이다.

대다수의 가정에서 한두 가지의 과실주나 약용주를 담가 두고 마시는 행태를 보면, 유리병에 매실이나 인삼, 죽순, 오가피 등을 담고 슈퍼나 백화점에서 사 온 과실주용 희석식 소주(알코올 함량 30%)를 붓고 테이프로 밀봉한 뒤, 방 아랫목 경대 위나 장식장에 보기 좋게 진열해 놓고 있는 경우가 대부분이다. 그리고 상당수가 무조건 오랫동안 담가 두면 좋은 것으로 생각하여 10년, 20년씩 묵혀 둔 것을 자랑하기에 주저함이 없다. 무슨 '특별한 날'이 되어야 개봉하게 되는데 주인의 생색이 여간 아니다. 하지만 유감스럽게도 그 기대만큼 격에 어울리는 술이 못 된다는 것을 경험했을 것이다. 약용주에 대한 잘못된 이해가 불러온 소치(所致)인 것이다.

증류식 소주를 이용하여 과실주 등 혼성주를 담그려면 다음의 내용을 기억해야 한다.

단지　술을 담을 그릇은, 속이 비치지 않고 햇볕을 차단시킬 수 있는 불투명한 것이 좋다. 가장 적합한 그릇으로 옹기나 자기로 된 단지와 병이 좋다. 또한 밀봉이 편리하도록 주둥이는 그리 크지 않아야 한다. 술이나 물을 담는 것 외에 다른 용도로 사용했던 그릇은 피하고, 새로 구입하여 쓰면 실패할 일이 없다.

오지그릇을 구입할 경우, 두드려 보아 맑은 쇳소리가 나는 것이 좋은데, 유난히 광택이 나고 금속성의 차가운 빛깔이 나지 않는 그릇으로 선택한다.

술을 담을 그릇은 재료의 양보다 4~5배 큰 것으로 준비하고, 물에 깨끗이 씻어 엎어서 물기를 완전히 제거한다.

술　술은 증류식 소주를 준비한다. 즉 재래식으로 증류한 전통 소주를 가리킨다. 증류식 소주는 35% 이상을 구입하도록 하며, 알코올 도수가 높은 소주일수록 부재료의 약리성분이나 향이 잘 추출된다.

슈퍼나 백화점 등에서 판매하는 과실주용 희석식 소주는 첨가물(조미료)이 들어 있으므로 가급적 피하는 것이 좋고, 부득이한 경우라면 알코올 함량이 35% 이상인 것을 구입한다.

재료 과실이나 약재, 기타의 재료를 이용하여 술을 담고자 할 때는 가급적 상처나 벌레가 갉아먹은 자국이 없는 깨끗하고 신선한 재료를 선택해야 풍미가 좋다. 들이나 산에서 직접 채취한 재료라도 깨끗한 물에 씻어 건져서 물기를 완전히 제거해야만 변질이 되지 않는다. 재료 중 수분이 많은 것을 사용할 경우에는 알코올 도수가 40% 이상인 증류식 소주를 사용하는 것이 바람직하다.

재료의 처리 재료가 지니고 있는 향을 얻고자 한다면, 재료를 온전하게 유지하는 것이 요령이다. 상처가 났거나 특히 짓물러서 상태가 좋지 못한 과실은 사용하지 않는 것이 술의 변질과 맛이 떨어지는 것을 막는 방법이다. 그러나 약효를 즐기기 위해서라면, 과실이든 약재든 재료가 지니고 있는 성분을 빨리 추출하는 것이 목적이므로, 칼로 얇게 썰고 씨앗은 제거하는 것이 요령이다. 상처가 났거나 썩은 부분은 칼로 도려낸다.

배합 비율 소주와 재료의 배합 비율은 가능한 한 재료의 3배 정도 되는 양의 소주를 넣어 주도록 한다.

흔히 소주에 비해 재료의 양을 많게, 또는 그릇 가득 담고 소주를 채우는 방법을 택하는데, 재료의 양이 상대적으로 많아지면 술의 맛이 쓰거나 향·약 냄새가 강하여 마시기에 부담스러울 뿐 아니라, 술 빛깔이 진하거나 검어져 구미를 떨어뜨리는 수가 많다. 배합 비율은 꼭 지키도록 한다.

보관 기간 및 장소 술을 담은 단지나 병은 햇볕이 들지 않고 가급적 서늘하며, 주위 온도가 낮은 장소에 두는 것이 술맛을 좋게 하고 변질을 초래하지 않는다. 어둡고 찬 지하실이나 저온저장고가 적당하다.

과실주는 2~3개월 이상을 넘기지 않도록 한다. 이 기간이 지나면 과실은 건져내고 술만 여과하여 보관하도록 한다. 인삼·더덕 등 뿌리나 잎, 줄기 등 약재를 사용한 약용주는 6개월을 초과하지 않도록 하여 재료를 건져내고 술만을 여과하여 보관한다.

과실주(자두술)

[재 료] 자두 500g, 증류식 소주 1.8ℓ (1되)
[준비물] 단지, 비닐(랩) 2장, 고무줄, 거즈, 여과지,
          바가지, 채반, 국자

자두나 매실과 같이 약효보다 향이 더 좋은 과실을 사용할 때에는 향을 살리는 방법을 택한다.

담그기

01 상처나 벌레 먹은 자국이 없는 깨끗한 자두를 골라 물에 깨끗이 씻어 건진 다음 꼭지를 따낸다.

02 거즈 위에 자두를 올려 놓고 두드려 가면서 물기를 제거한다.

03 단지는 가급적 새 것으로 주둥이가 작은 오지그릇을 고른 다음 물에 깨끗이 씻어 건조시킨다.

04, 05 단지에 자두를 담고 준비한 분량의 증류식 소주를 붓는다. 단지가 차지 않으면 비율대로 자두와 소주의 양을 늘려서 가득 채운다.

06 비닐이나 랩으로 단지의 주둥이를 두텁게 밀봉하고 고무줄로 단단히 묶어 놓는다.

07 술을 담은 단지는 뚜껑을 덮어 지하의 창고나 햇볕이 닿지 않는 서늘한 곳에 보관한다.

08, 00 2～3개월이 지난 후에 지두를 건져내고 술은 천기나 기피 여과지고 여과히여 찌꺼 기와 불순물을 제거한 후, 다시 단지에 담아 같은 방법으로 밀봉한다.

10 단지는 다시 햇볕이 닿지 않는 서늘한 곳에 보관해 두고, 6개월 이상 숙성시킨 다음 필요 할 때 따라 마신다.

약용주(인삼주)

[재　료] 인삼 300g, 증류식 소주 3.6ℓ (2되)
[준비물] 단지, 베주머니, 비닐(랩) 2장, 고무줄,
　　　　칼, 거즈

약효와 향이 다 같이 좋은 재료를 사용할 경우 약효를 살리는 방법을 택한다.

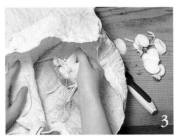

담그기

01 상처나 벌레가 먹은 자국이 없는 깨끗한 상태의 인삼을 잠깐 물에 불렸다가 칫솔이나
　　솔로 깨끗이 씻어 흙을 제거한다.

02 거즈 위에 인삼을 올려 놓고 거즈로 문질러서 물기를 제거한 후, 그늘에 두고 인삼 표면
　　의 수분을 완전히 제거한다.

03 칼로 인삼을 나박썰기 하듯 편(片)으로 썰어서 베주머니에 담고 주둥이를 묶는다. 이때
　　어린 아이 주먹 크기의 돌멩이를 물에 깨끗이 씻어 말렸다가 함께 넣어 준다. 이는 베주
　　머니가 위로 떠오르지 않게 하기 위한 방법이다.

04, 05 깨끗이 씻은 단지에 인삼을 담은 베주머니를 넣고 준비한 분량의 증류식 소주를 붓
　　는다. 단지가 가득 차지 않으면 술을 더 부어도 좋다.

06 공기나 벌레 등이 들어가지 않도록 비닐이나 랩으로 단지의 주둥이를 두텁게 밀봉하고 고무줄로 묶어 놓는다.

07 술을 담은 단지는 그늘지고 서늘한 곳이나 지하의 컴컴한 곳에 보관한다.

08, 09 6개월(180일)이 지난 후에 인삼을 건져내고 술은 한지나 여과지로 여과하여 찌꺼기 와 불순물을 제거한 후 재차 단지에 담아 같은 방법으로 밀봉한다.

10 술 단지는 그늘지고 서늘한 곳, 지하의 컴컴한 곳에 놓아 두고 6개월 이상 원하는 만큼 숙성시켰다가 마신다.

천제(天帝)의 아들 해모수가

하백의 세 딸 유화·선화·위화를 보고

아름다움에 반하여 궁궐을 짓고 세 처녀를 청하여

미주(美酒)를 대접하였다. 취하여 돌아가려 하매

해모수가 세 여인을 사로잡으려 하였으나……

유화가 잡혀 해모수와 정이 들고 말았다.

그 후 유화가 주몽을 낳으니

후일 고구려를 세운 동명성왕(東明聖王)이다.

———『제왕운기』에서

부록

술독 술을 빚어 담는 저장 그릇을 말한다. 배토로 빚고 잿물을 입혀 만든 것을 사용하고, 술이 증발하는 것을 막기 위해 일반 도기보다 높은 온도에서 굽고, 두드렸을 때 오래도록 맑은 소리가 나는 것을 고른다. 형태에 있어서는 키와 입(구부)이 크고 넓으며, 운두가 있고 배가 부른 것이 좋다. 술독은 술 이외의 다른 용도로 사용하지 않는다.

누룩고리 누룩을 성형하기 위해 일정한 형태로 만든 틀을 말한다. 원형이거나 모가 진 정방형으로 되어 있고, 재료에 따라 만드는 법이 달라진다. 크기 역시 산세나 지방에 따라 일조량이 달라지므로 각각 크고 높기도 하고, 작고 낮은 형태를 띠기도 한다.

용수 술을 거르는 용구이다. 다 익은 술을 청주로 거를 때 술독에 박아 두는데, 시간이 지나면 맑고 투명한 술이 그 안에 괴게 된다. 주로 대나무의 겉껍질과 속살을 가늘고 가지런히 다듬어 한쪽이 막힌 긴 원통형으로 엮어 짜는데, 30cm 정도의 작은 것에서 1m가 훨씬 넘는 대형 용수도 있다.

술체 쌀 등 곡물에 섞인 이물질을 골라낼 때, 알맹이가 거친 것과 고운 것을 분리 또는 선별하기 위해 사용하는 용구이다. 그 형태를 보면, 원형의 넓은 나무테에 망으로 바닥을 친 것이 주류를 이루는데, 더러 사각 형태도 있다. 체는 바닥으로 치는 쳇볼의 구멍 크기에 따라 어레미, 도드미, 중거리, 가루체, 고운체(깁체) 등으로 나누는데, 술체는 일반 체와 달리 쳇바퀴의 높이가 높고 쳇볼도 명주나 삼베 등으로 바닥을 친 고운 체가 이용된다.

시루 고두밥과 설기, 개떡 등을 찌는 데 이용된다. 시루는 그 특성이 시루 밑의 솥에서 올라오는 수증기가 고르게 퍼져야 찌고자 하는 재료가 잘 익으므로, 바닥에 여러 개의 구멍을 뚫는데 한가운데 구멍이 크고 주변의 구멍이 작은 것이 좋다. 술 빚기에는 도제 시루가 주로 이용된다.

술자루 삼베나 마포, 나일론 천을 이용하여 만든 자루로, 술을 담아 눌러 짜서 주박(지게미)과 술을 분리하는 데 이용한다. 이 술자루를 전대(戰帶)라고도 하는데, 군복 위에 매던 허리띠와 같은 형태이다. 전대는 천을 바이어스(bias)로 한쪽 끝을 박음질하여 너비 14~15cm, 길이 3.5~4m로 마름질하여 나선형으로 박아 긴 자루 모양으로 만드는데, 술자루는 너비와 길이에서 차이가 있다.

체판 체를 받치도록 오목하고 넓게 파서 만든 얇은 판을 말하며, 더러 '술거르개' 라고도 한다. 주둥이가 좁은 단지나 항아리 위에 얹어서 술체에 의해 걸러진 술을 바로 담을 수 있도록 고안된 기구로서, 소나무나 느티나무 등이 주로 사용된다.

자배기 둥글넓적하고 아가리가 크고 비교적 운두가 높으며 깊이가 있는 오지그릇으로, 바깥면의 양쪽에 손잡이가 달려 있다. 그릇의 밑바닥이 좁고 입(아가리)이 큰 것이 특징으로, 쌀을 씻거나 채소 등을 갈무리하기에 적합하여 용도가 많다.

쳇다리 가루나 액체를 거를 때 체 밑에 받치는 걸치개를 말한다. 체판과 같은 역할을 하는 용구로 주로 'Y' 자, '정(井)' 자 형태가 있다.

쳇도리 술이나 장, 기름, 가루 등의 식품을 병 따위의 주둥이가 좁은 그릇에 옮겨 담기 편리하도록 만든 용구의 하나로, 깔때기 또는 누두(漏斗)라고도 한다.

소줏고리 발효된 술을 증류하여 주정 함량이 높은 소주를 만들 때 사용하는 일종의 단식 증류기를 말한다. '고조리', '고소리' 라고도 하며 재질에 따라 동고리, 토고리, 철고리 등으로 부른다. 만드는 이의 솜씨에 따라 여러 가지 형태가 있는데, 소주의 증류에는 역삼각형 구조의 소줏고리가 효과적이다.

바가지 곡물이나 물, 장, 술 등을 퍼내거나 담을 때 사용하는 그릇으로, 더러 밥그릇이나 국그릇으로 쓰이기도 하는 다목적 용기이다. 재질과 용도에 따라 다르게 쓰이는데, 박바가지와 나무바가지가 널리 쓰였다. 가장 큰 것은 물바가지, 중간 크기는 쌀바가지, 가장 작은 바가지는 장·술바가지로 써 왔으며, 작은 바가지인 표주박이 술잔, 물그릇으로 쓰였다. 바가지는 뜨거운 것을 담아도 뜨겁지 않고 물에 뜨기 때문에 금속제 그릇으로는 못하는 여러 가지 장점과 기능이 있어 널리 이용되어 왔다.

:: 주기(酒器)

술국자　술독의 술을 떠서 단지나 주전자, 병에 담거나 옮겨 담을 때 사용하는 도구이다. 술국자로 술의 산패를 감지할 수 있는 것은 그 재질 때문인데, 보통 백동이나 유기 제품으로 술이 시어질 경우 산화와 화학반응을 일으켜 하얗게 변하거나 녹이 슬은 것처럼 검게 변한다.

술병　주병(酒餠), 주호(酒壺)라고도 하는 이 저장 용기는 술의 등장과 함께 독 형태로

만들어져 사용되어 오다가 가볍고 휴대하기 편리한 지금의 형태로 발전한 것으로 보인다. 술병은 대개 길게 솟아올라 온 목이 넓게 벌어진 구부(주둥이)와 둥글고 풍만한 배(몸체)를 하고 있어, 무게의 중심이 하부에 있다. 재질에 따라 도자기류 외에 청동과 나무, 대나무 제품, 호리병 박의 속을 파서 만든 주병 등 다양하다.

술잔　술을 따라 마실 수 있는 그릇으로 잔(盞), 주배(酒杯)라고도 한다. 옥, 나무, 쇠붙이, 흙, 짐승의 뿔 등 그 재질에 따라 각기 다르게 표기하는 데 잔(盞), 배(环), 배(杯), 작(爵), 배(盃) 등으로 형태와 용도가 달라진다.

잔(盞)과 배(盃)는 흙으로 빚어 불에 구운 도자기 재질이면서 굽이 있는 잔을 가리키고, 제례용과 의례용은 작(爵)이라고 부른다. 이외에 군인들이 전쟁이 났을 때 말에서 술을 따라 마시고 항상 휴대할 수 있는 술잔으로 마상배(馬上杯)라는 것도 있다. 일반적인 술잔으로 막걸리용은 비교적 큰 잔인 막사기 · 막사발, 청주 및 약주용의 탁잔과 약주잔은 입지름 4~5cm 정도의 중간 크기의 잔이 쓰였으며, 소주잔은 입지름이 3~3.5cm 정도의 작은 잔이 애용되었다.

막사기　막사발이라고도 하며 서민들의 밥, 국그릇, 막걸리잔으로 사용되던 것이었는데, 대접과는 달리 벽면이 거의 직선으로 솟아올라오며 바닥은 좁고 아가리도 넓게 벌어진 형태를 하고 있다. 살이 두텁고 표면이 매끄럽지 않은 것이 특징이다.

주합(酒盒)　나들이 갈 때 음식을 담아 나르는 그릇을 찬합(饌盒)이라고 하며, 이 찬합에 술병을 곁들이거나 찬합 자체에 주병이 딸려 있는 그릇을 주합(酒盒)이라고 한다. 일정한 형태가 있는 것은 아니나, 주병과 안주를 담을 그릇이 2~3개 딸려 있다.

:: 저장 용기

술통·술춘 술도가에서 가정이나 마을에 막걸리를 배달하는 데 사용한 커다란 술그릇으로, 술통과 술춘이 있다. 과거 플라스틱이 개발되지 못했을 때 사용된 술그릇인데, 나무판자를 짜 맞춘 원통형의 그릇을 막걸리통(오른쪽)이라고 하였고, 살이 두텁고 튼튼하게 만든 오지그릇을 술춘(왼쪽)이라 하였는데, 소주와 약주를 담아 운반하는 데 편리하였다.

한편, 1말〔斗〕~5되〔升〕들이 정도의 비교적 커다란 유리병에 짚과 왕골로 짠 옷을 입힌 술병이 등장하는데, 청주나 약주용으로 사용되어 왔다. 햇볕에 노출되거나 자외선이 닿아 산화와 갈변 현상이 촉진되는 것을 막고 유리병을 보호하려는 두 가지 목적이 있다.

주호(酒壺) 술독과 같은 모양을 띠면서도 목이 약간 위로 솟아 있어 기름한 편이고, 술독에 비해 구부가 좁은 편이다. 또한 그릇 밑부분에 귀때 형태의 귀가 달려 있어 술을 담는 구부와 술을 따라내는 주구(注口)가 분리되어 있음을 알 수 있다. 이른바 서양식 '오크통' 과 매우 흡사한 용도로 제작된 것으로, 이러한 주호는 도자기류에 한정되어 있으며, 그릇의 살이 매우 두텁고 튼튼하게 만든 것이 특징인데, 탁주나 청주·약주류가 아닌, 주로 소주를 담아 숙성시킬 목적으로 만들어진 것으로 여겨진다.

술장군 장군은 물을 비롯하여 술과 간장 등 액체를 담아 운반하는 데 사용한 그릇의 한 가지로, 재질에 따라 여러 가지 형태가 있다. 항아리나 독보다는 작고, 배가 부른 몸체에 주둥이가 좁은 그릇을 뉘어 놓은 것처럼 생겼다. 전형적인 장군의 형태는 한쪽 마구리는 편평하고 맞은편의 다른 한쪽은 둥그런 반구형(半球形)에 주둥이를 길게 내민 형태이다.

술단지 단지는 곡식을 비롯하여 술, 물, 엿, 과자 등 간식거리를 담아 두는 저장 용기로서, 독이나 항아리보다는 그 크기가 비교적 작은 것을 가리킨다. 대개 18~19세기에 만들어져 널리 사용되었는데, 오지와 질그릇, 백자, 청자, 청화백자 등 재질에 따라 쓰임새가 달라지는 경우가 많고 그 형태도 각양각색이다.

참고 문헌

『서경(書經)』, 『주례(周禮)』, 『삼국지(三國志)』 「위지」 동이전, 『예기(禮記)』, 『방언(方言)』, 『제민요술(齊民要術)』, 『고사기(古事記)』, 『주서(酒書)』, 『태평어람(太平御覽)』, 『삼국사기(三國史記)』, 『고려도경(高麗圖經)』, 『삼국유사(三國遺事)』, 『계림유사(鷄林類事)』, 『향약구급방(鄕藥救急方)』, 『제왕운기(帝王韻紀)』, 『사시찬요초(四時纂要抄)』, 『고사촬요(攷事撮要)』, 『본초강목(本草綱目)』, 『주방문(酒方文)』, 『동의보감(東醫寶鑑)』, 『도문대작(屠門大嚼)』, 『지봉유설(芝峰類說)』, 『구황보유방(救荒補遺方)』, 『규곤시의방(閨壺是議方)』, 『요록(要錄)』, 『치생요람(治生要覽)』, 『춘향전(春香傳)』, 『산림경제(山林經濟)』, 『음식보(飮食譜)』, 『수문사설(謏聞事說)』, 『성호사설(星湖僿說)』, 『해동역사(海東繹史)』, 『증보산림경제(增補山林經濟)』, 『고사신서(攷事新書)』, 『고사십이집(攷事十二集)』, 고려대소장 『규곤요람(閨壺要覽)』, 『온주법(醞酒法)』, 『경도잡지(京都雜誌)』, 『재물보(才物譜)』, 『규합총서(閨閤叢書)』, 『농가월령가(農家月令歌)』, 『열양세시기(洌陽歲時記)』, 『송남잡지(松南雜識)』, 『옹희잡지(甕餼雜誌)』, 『주방(酒方)』, 『임원십육지(林園十六志)』, 『양주방(釀酒方)』, 『동국세시기(東國歲時記)』, 『오주연문장전산고(五洲衍文長箋散稿)』, 『음식법(飮食法)』, 『역주방문(歷酒方文)』, 『음식방문(飮食方文)』, 『군학회등(群學會騰)』, 『김승지댁주방문(金承旨宅酒方文)』, 『술방문』, 『태상지(太常志)』, 『시의전서(是議全書)』, 『술 만드는 법』, 『술 빚는 법』, 『주정(酒政)』, 『부인필지(婦人必知)』, 『규곤요람(閨壺要覽)』, 『조선요리제법(朝鮮料理製法)』, 『간편 조선요리제법(簡便 朝鮮料理製法)』, 『조선주조사(朝鮮酒造史)』, 『조선무쌍신식요리제법(朝鮮無雙新式料理製法)』, 『시의방(是議方)』(연도순으로 정리)

강인희, 『한국식생활풍속』, 삼영사, 1978.

김태정, 『약용식물』, 대원사, 1989.

문화재관리국, 『전통민속주-무형문화재지정조사 보고서』 제163호, 1985.

박록담, 『한국(韓國)의 전통민속주(傳統民俗酒)』, 효일문화사, 1995.

―――, 『명가명주(名家銘酒)』, 효일문화사, 1998.

―――, 『우리 술 빚는 법』, 오상출판사, 2002.

박록담·술방사람들, 『우리 술 103가지』, 오상출판사, 2002.

박록담·윤숙자, 『우리의 부엌살림』, 도서출판 삶과 꿈, 1997.

박원기, 『한국식품사전』, 신광출판사, 1991.

신재용, 『한국인의 건강식』, 동화문화사, 1990.

유태종, 『식품카르테』, 박영사, 1976.

―――, 『식품보감』, 문운당, 1991.

윤국병·장준근, 『몸에 좋은 산야초』, 석오출판사, 1989.

윤서석, 『한국의 전래생활』, 수학사, 1983.

이규태, 『재미있는 우리 음식 이야기』, 기린원, 1991.

이성우, 『고려 이전의 한국식생활사 연구』, 향문사, 1978.

―――, 『한국 식경대전』, 향문사, 1981.

―――, 『한국식품사회사』, 교문사, 1985.

―――, 『한국요리문화사』, 교문사, 1985.

조정형, 『다시 찾아야 할 우리 술』, 서해문집, 1991.

최남선, 『조선상식(朝鮮常識)』, 현암사, 1948.

『한국민속대관』, 고려대학교 민족문화연구소, 1982.

『한국민속종합보고서』, 형설출판사, 1984.

빛깔있는 책들 203-33

전통주

첫판 1쇄	2004년 1월 10일 인쇄
첫판 5쇄	2016년 12월 15일 발행

글 / 사 진 박록담

발 행 인 김남석

발 행 처 주식회사 대원사
우편번호 06342
서울특별시 강남구 양재대로 55길 37,
대도물산 빌딩 302호

전화번호 (02) 757-6717~9
팩시밀리 (02) 775-8043
등록번호 제 3-191호

http://www.daewonsa.co.kr

빛깔있는 책들